要事优先

专注力突破职场逆境

DO ONE THING

The Breakthrough You Need for the Progress You Want

[英] 杰兰特·埃文斯 (Geraint Evans) 著

赵先喆 译

机械工业出版社

CHINA MACHINE PRESS

Geraint Evans. Do One Thing: The Breakthrough You Need for the Progress You Want.

Copyright © Pearson Education Limited 2021 (print and electronic).

This Translation of DO ONE THING 1e is published by arrangement with Pearson Education Limited.

Simplified Chinese Edition Copyright © 2025 by China Machine Press.

This edition is authorized for sale and distribution in the Chinese mainland (excluding Hong Kong SAR, Macao SAR and Taiwan). No part of this book may be reproduced or transmitted in any form or by any means, electronic or mechanical, including photocopying, recording or any information storage and retrieval system, without permission, in writing, from the publisher.

All rights reserved.

本书中文简体字版由 Pearson Education（培生教育出版集团）授权机械工业出版社在中国大陆地区（不包括香港、澳门特别行政区及台湾地区）独家出版发行。未经出版者书面许可，不得以任何方式抄袭、复制或节录本书中的任何部分。

本书封底贴有 Pearson Education（培生教育出版集团）激光防伪标签，无标签者不得销售。

北京市版权局著作权合同登记　图字：01-2023-4933 号。

图书在版编目（CIP）数据

要事优先：专注力突破职场逆境 /（英）杰兰特·埃文斯 (Geraint Evans) 著；赵先喆译 . -- 北京：机械工业出版社，2025.8. -- ISBN 978-7-111-78643-6

Ⅰ．C913.2-49

中国国家版本馆 CIP 数据核字第 2025VA3844 号

机械工业出版社　（北京市百万庄大街 22 号　邮政编码 100037）
策划编辑：顾　煦　　　　　　　　　责任编辑：顾　煦　杨振英
责任校对：王文凭　杨　霞　景　飞　责任印制：单爱军
保定市中画美凯印刷有限公司印刷
2025 年 9 月第 1 版第 1 次印刷
147mm×210mm · 7.5 印张 · 1 插页 · 141 千字
标准书号：ISBN 978-7-111-78643-6
定价：69.00 元

电话服务　　　　　　　　　　网络服务
客服电话：010-88361066　　　机　工　官　网：www.cmpbook.com
　　　　　010-88379833　　　机　工　官　博：weibo.com/cmp1952
　　　　　010-68326294　　　金　书　网：www.golden-book.com
封底无防伪标均为盗版　　　　机工教育服务网：www.cmpedu.com

关于作者

杰兰特·埃文斯博士（或"G博士"，这是他更广为人知的称呼）是一位屡获殊荣的首席营销官和作家。在想要成为摇滚明星、演员或职业橄榄球运动员的尝试失败后，他继续努力，成为多个全球知名品牌的高管。

如今，作为作家、演讲者、顾问和研究者，他致力于帮助人们实现个人与职业目标。杰兰特也是各种国际活动的常客，并为《企业家》和《福布斯》杂志以及科技网站 VentureBeat 撰稿。

序　言
为什么要读下去

其他人是如何突破的

> 除非你走出舒适区，否则你永远无法改变你的生活，改变始于舒适区的尽头。
> ——罗伊·T.贝内特（Roy T. Bennett）

首先，非常感谢你购买——或借阅这本书，也感谢你因为信任送书给你的人，真正翻开了它！如果你还没有购买，而是在确认这本书是否适合你自己，或者是否适合作为礼物送给他人——那么好消息是，这部分内容就是为你准备的（而且我希望整本书都对你有用）。

如果你是那种不经常走出舒适区且很少翻阅励志图书的人，那么恭喜你，你迈出了踏入这个未知领域的一步；如果你是一位个人自助图书爱好者，那么同样欢迎！我会努力为你带来一系列新的思路，以便你能将其应用到当下的实践中。

本书可以帮助你开始行动，让你一步步地成为自己想要成为的那种人，过上自己想要的生活。有时候我们会遭遇瓶颈。这可能是多种因素造成的，在好的情况下，它们只是减缓了你进步的速度；在坏的情况下，它们会成为你抵达目标的障碍。

我们将一起找出解决日常生活中的困境、压力、沟通不足或不知到何处去寻找灵感等问题的切实可行的策略。

当我的人生经历了一段艰难的时光后，我开始反思发生在我身上的事、我的生活以及我想要实现的目标——这是我第一次真正给自己留出空间，并允许自己这样做。现在，在经过倾听、反思和尝试实践本书中总结的各种策略、思路和方法后，我的状态已恢复，我重新找回了动力。现在，我想分享我所学到的东西来帮助你。

我的故事并非什么亿万富翁成功的故事——如果你需要这样的故事来激励自己，可以在本书旁边的书架（或网店电子书旁边的图标）上找到很多这样的书。但我认为你可能在寻找一些与众不同的东西。我就是一个普通人——我是在英国威尔士的一个滨海小镇长大的。

当我完成本书的收尾工作时，没有预料到，在 2020 年，我们全体都要面对如此艰巨的挑战。这些挑战不可避免地给我们的生活带来了压力，有些人甚至在个人和职业方面遭受了损失。我希望本书能成为你的一个积极的起点，帮助你适应，治愈你，并使你从这些事情中恢复过来。

在你继续阅读之前，我要明确一点：这里不存在吃了就能突破瓶颈的灵丹妙药——它可能和你期望在一本励志图书中读到的内容不太一样。但我希望你是一位欣赏坦诚的人,并且在内心深处知道没有什么是可以不劳而获的。那么,为什么要继续读下去呢?

本书的作用是什么

本书将为你提供一幅清晰的路线图,帮助你在生活中取得有意义的进展,并旨在提供一些实用的方法,让你成为最好的自己——你的"目标自我"(TARGET SELF)。本书旨在于未来数周和数月内助你取得快速进步。它会探讨你对未来发展方向的思考,但同样重要的是,它也会确保你不会因为花太长时间考虑所有的选项,而迟迟不采取行动。

本书的各个章节将讨论我理想中的"目标自我"的概念——一年后的你,本书将帮助你一步一步地实现这一目标,从而为你的生活带来显著的阶段性变化,并改变你对生活的感受。"TARGET SELF"中的每个字母代表了一个关键主题,这些主题构成了一个循序渐进的过程,帮助你明确什么是你需要的、什么是阻碍你前进的以及用什么方法去解决这些问题。

在第一章,我们将讨论"T",它代表"自我时间"(Time for you),以及为自己空出时间进行反思和规划的重要性——这是我们常常没能做到的。

第二章,"A"——解决过去(Address the past),将探讨如何

承认并"摒弃"基于你过去的经历而形成的对自己的固有认知。

第三章,"R"——重启自己(Reboot yourself),将帮助你真正开始迈向全新身份的征途,并帮助你树立真实的愿景——明确未来一年你想要抵达的目标。

第四章,"G"——我最喜欢的话题之一,获得知识(Gain knowledge),在这一章我们将培养一些技能,使得我们把每天都视为全新的学习体验机会。

第五章,"E"——能量来源(Energy sources),讨论了通过生活中积极的"能量来源"获得帮助的必要性。

第六章,"T"——年度目标(Targets for this year),将介绍我的"SIMPLE"(简易)目标设定框架,帮助你为即将到来的一年设定有效且可衡量的目标。

第七章,"S"——干扰因素(Sidetrackers),将帮助你分析导致你偏离既定轨道的原因以及如何应对它们。

第八章,"E"——日常惯例(Everyday routines),将帮助你思考并落实各种日常实践,从而为你的进步提供一种新的架构。

第九章,"L"——少即是多(Less is more),将帮助你认识到那些可能对你没有帮助的细微因素,同时应对一个真正困难的概念:对生活中所有复杂的、会阻碍你在新征程上前进的部分说"不"。

第十章，"F"——专注与失败（Focus and failure），讨论了如何实现两者之间的平衡：专注于通过短期冲刺式活动来形成持续动力，与此同时能拥抱失败，并将其作为获取更深刻的洞见和更深入地洞悉自身的方法。

在第十一章和第十二章中，我将用一些鼓励性的内容结束本书，帮助你每天都做最好的自己，并创造一种令人兴奋的"光环"效应，让你和他人都感受到你正在真正地改变和朝着"目标自我"迈进。

如何阅读本书

本书的每章内容都经过了精心设计，为了让你能在 30 分钟内快速读完。或者，若你是在路上断断续续地阅读，我也将每章分成了独立的实施步骤，这样你可以按照自己的节奏逐步推进。

然而，别以为我们会慢慢来——恰恰相反，我们将学习如何去做一件能在短时间内完成且每天重复的事情，若你遵循我的建议，这将使你以指数级的速度进步。我知道其中有很多值得汲取的宝贵经验。

所以，如果你准备好去获得一些新的视角，获得一些支持来坚持不懈地实现今年的目标，并在自己的生活中踩下油门去做出一些积极的改变，那么好消息来了——我将在第一章告诉你如何开始这样做，请接着往下读吧！

目　录

关于作者

序言　为什么要读下去

引言 …… 1
听起来耳熟吗 …… 6
如何使用本书 …… 9
好，那接下来做什么 …… 10

第一章　下　自我时间 …… 12
放空 …… 13
按下重启键 …… 17

允许自己前行	20
每日执行计划的步骤	21

第二章 A 解决过去 —— 23

记录你的过往时间线	24
正视你的过往时间线	27
你的未来时间线会是什么样的	30
你对未来是怎样的感觉	33
每日执行计划的步骤	35

第三章 R 重启自己 —— 38

你想成为什么样的人	41
你想拥有什么	44
你和谁在一起	45
你想给予什么	46
每日执行计划的步骤	49

第四章 G 获得知识 —— 51

日常学习	52

视觉型学习	55
听觉型学习	56
读写型学习	57
动觉型学习	58
主动倾听	59
每日执行计划的步骤	62

第五章 E 能量来源 — 65

平衡精力分配重点	66
培育友情能量	69
培育家庭能量	72
培育锻炼能量	73
培育睡眠能量	74
培育独处时间	75
每日执行计划的步骤	77

第六章 T 年度目标 — 79

创建新的年终状态	81
细化目标（SIMPLE 框架）	84
每日执行计划的步骤	93

第七章 S 干扰因素 — 95

- 了解你的阻碍因素 — 96
- 消除阻碍因素的策略 — 99
- 列一个"出了什么问题?"的清单 — 102
- 列一个"已知干扰因素"清单 — 103
- 列一个你的"刺儿头"清单 — 105
- 了解你的故事 — 108
- 每日执行计划的步骤 — 111

第八章 E 日常惯例 — 113

- 创建你的"晚间"清单 — 117
- 塑造你的新"日常习惯" — 121
- 问问自己:昨天取得了什么成就 — 125
- 你今天打算做什么 — 127
- 明星采用的晨间习惯 — 128
- 适合"普通人"的晨间习惯 — 133
- 适合夜猫子的夜间习惯 — 136
- 创建你的"出门清单" — 138
- 创建你的优先待办事项清单 — 140

每日执行计划的步骤 145

第九章 L 少即是多 148

学会对自己说"不" 150

对各种干扰说"不" 153

多尝试说"不" 157

在通常会说"不"的时候尝试说"是" 158

在不确定的时候学会询问更多信息 159

每日执行计划的步骤 160

第十章 F 专注与失败 162

专注于创建一个适合你的待办事项清单 163

学会测试与学习 165

更好的"高质量"时间管理 172

理解紧急与重要的区别 174

失败并非真正的失败 176

考虑找一些导师 177

每日执行计划的步骤 182

第十一章 你能做到的 — 184

始终如一地成为你想成为的人 — 186
学会谦逊 — 189
坦然接受自己并非知晓所有答案 — 190
让他人走进你的生活 — 192
尽可能地帮助他人 — 196
坚持到底 — 198

第十二章 结　语 — 201

附　录 — 204

附录 A　你新获得的九项资产的清单 — 204
附录 B　各章节总结及关键步骤 — 205
附录 C　拓展阅读 — 223

引 言

其他人是如何突破的

> 人无完人，生活在于选择。
> ——LL·酷杰（LL Cool J）

本书是在我经历了一段极为疲惫的时光后写成的，那时我的精力几乎被耗尽。说来也奇怪，只有当我被迫停下来时，我才终于允许自己休息，并去反思和重新充电。在疯狂工作了二十多年，埋头苦干、过度劳累后，我决定休息一下，重新调整并反思自己的生活——这是我在职业生涯中第一次休"长假"。自从这样做了之后，我的生活有了显著的进展。

我需要休息，这是因为我的职业生涯相当疯狂，有过令人难以置信的高光，也经历过低谷。它从未乏味过，但像许多人一样，在职业生涯的头二十多年过去后，我在四十多岁时不禁自问："我是怎么走到这一步的？"

在还没真正察觉到这一点如何悄然到来的时候，我的精力已跌到了谷底，我几乎把自己累垮了——尽管很多时候做的事情都还挺有意思的，但这真的让我疲惫不堪，难以继续。在我人生的这个阶段，我很幸运地有机会在许多不同的国家工作，这就意味着要赶很多次清晨的航班，住很多家酒店，还得匆匆忙忙赶回去参加家庭活动。当我真的赶回去时，我都不是原来的自己了。我疲惫不堪，心烦意乱，我深知我没能成为自己想成为的和需要成为的那种父亲、丈夫或朋友。我一根蜡烛两头烧，中间部分也逃不过！

当时我还不知道，自己正开始感受到长期以来情绪和身体压力累积产生的影响，而我一直把这些压力齐齐整整地压抑在心底。

对我来说，转折点出现在又经历了几次航班飞行和延误后的一个晚上。我疲惫不堪，但不知怎的，在眼睛实在睁不开之前（这情况是不是感觉很熟悉），我还有精力漫无目的地刷推特。然后我偶然看到了一篇看上去就无聊的标题党文章，声称要让我了解"精疲力竭的十大征兆"。那文章读起来，更像是罗列了我正在经历的种种状况，而并非一份有深刻见解的健康指南。十条征兆里，我至少在九条中能看到自己的影子。直到我进入了反思阶段，并由此开始写本书时，我才意识到，实际上在一段时间里，我已经不知不觉地集齐了这全部的十大征兆。我想，我只是一直没有察觉到那些警示信号罢了。我现在明白了，我一心只想着去做我认为自己需要做的事情，但实际上我就像被困在了那种常见的仓鼠转轮上——只是不断重复着同样消极且有害的模式。而且我从未寻找或抓住机会去审视自己内心真正的感受。实际上，表面上看我的一切都还行，但表象之下，我不舒服、不快乐、不健康，而且在我最在乎的人面前也心不在焉。

在此先说明白，本书讲的并不是一个自怨自艾的故事。我非常幸运，拥有最了不起的家人，有很棒的居所，银行里还有点儿钱，能让自己休息一下。我深知自己拥有这些是多么幸运，虽然我从未把这些当作理所当然，但现在我比以往任何时候都更清楚自己是多么有福分。我也已经意识到，为了帮助他人，我需要更加努力地去分享这些福分带给我的种种益处。

我深知自己能在家人的支持与理解下，通过削减一些开支，回归更简单朴素的生活方式，从而从日常生活中抽出这段休息时间是多么幸运。我是在争取一些自己的时间，但我在这方面做得实在是不太行。

起初，在享受这段美妙且能让生活重新焕发生机的休假时光时，我比以往更疯狂地刷手机，在各种各样的手机应用程序和即时提醒中寻找新工作，而这些行为恰恰是要把我带回到我原本想要从中抽身休息的状态。

我当时真的就像《黑客帝国》里刚开始学功夫，在高楼大厦间跳来跳去的尼奥一样——我就是放不下。当时我也不清楚为什么。我（从前）那种疯狂忙碌，像杂耍般同时应付诸多事务的疯狂人设，似乎真的想让我回到自己那最熟悉的状态。休假很快变得比原本压力巨大、急需休息时还要让人倍感压力。当然也不全都是这种坏事。几周后，我们预订了一周假期去享受阳光，我还是挺期待的，但平日里，我和那些在 Instagram⊖ 上精心打理完美的生活动态，或 YouTube⊖ 视频里所呈现的那种理想化的、充满动力的人的光鲜形象相去甚远——比如那些人会一跃而起，出门前和送奶工、邮递员、亚马逊快递员击掌，然后在早餐前跑个 10 公里。

在一个阳光明媚的周二早晨，我心情还是有点儿低落。我在处理完一些生活琐事后（实在讲，我现在总算是有时间能做这些事了）去买了杯咖啡，正往家走着，脑子里还像往常一样想着，纠结着找另一份潜在工作的事，这时猛地一个念头——那种时常会冒出来的念头闪过我的脑海，但我之前从来没有主动去捕捉、记录下来或者付诸行动过。我想——要是有人处在我的位置，我会建议他怎么做呢？如果觉得能帮到别人，我是很乐意给人提建议的。我偶尔也喜欢做一些业余的辅导工作。

这其实是个很简单的想法，说实话，就是在那天，写这本

⊖ 一个用于发照片的社交软件，有一些功能类似于小红书。——译者注
⊖ 一个用户可以上传视频的社交软件，基本功能类似于哔哩哔哩。——译者注

书的想法诞生了。我会建议自己怎么做呢？首先，在对你来说合适的时候，好好享受一段假期时光。我知道有些正在读本书的人没有我这样的支持体系：你可能不仅没有伴侣相伴，还是单亲家长；或者你可能没有一份稳定的工作，而是同时打着四份工，那么休几周甚至几个月的假恐怕就不现实。如果是这种情况，那你就得尽力去做你能做到的事——但能休息一会儿总比不休息好，按照我建议的一些步骤去做，情况是会有所改善的。不管你的情况如何，在本书的叙述过程中，我都会提供一些有创意的方法，让你能找回一些属于自己的时间，即便你没办法像我这么幸运地摆脱所有的责任和义务。

你可能会想——就像当时要是有人把这本书塞到我面前我会想的那样——告诉别人该怎么做可比自己去做容易一千倍。要做到身体力行可太难了。不过，请和我一起踏上这段旅程吧，因为我会在这里陪着你，让这一切变得容易一些。

我意识到自己以前工作和生活都相当盲目，没有任何真正的目标。我心里没有一个清晰的目标，而且最终都不清楚自己到底要去往何方——事实上，我甚至都不知道目标是什么。我没有朝着一个目标前进，更重要的是，我都不知道自己想成为什么样的人——更别说把它清晰明确地表述出来，使得它不只是一个模糊的地方、一种感受或"生活状态"，而是一个我能够真正为之努力的更具体的东西。关键要明白，到达目标的过程本身也是很重要的一部分，这会让目标变得更加真实可感。这就关乎我的旅途以及我的目的地了。

我意识到自己需要构建出自己想要达成的愿景，同时还要规划（通常是非常）基本的、基础性的步骤。就好比盖房子，我得去想象并设计出我未来生活的架构。我现在把这称作我的"目标自我"——也就是我想要成为的那个人。好吧，深吸一口气，我还是对这种说法感到有点儿别扭——但如果有些说法听起来很俗套、夸张或者装腔作势，别在意，因为往往就是这类思路在阻碍你前进。

好，让我们开始行动吧。来为你自己制订一个基本的计划，明确你想要到达的地方以及你想要成为的那个人。准备好了吗？

听起来耳熟吗

那么，你为什么会读本书呢？你之前见过类似下面的内容吗？

"点击下方链接，获取每日灵感。"

"注册并提交你的电子邮箱，即可获取37条能改变你人生的名言警句。"

"关注我，了解更多关于'7个简单步骤是如何帮我过上那种你想过的生活的'。"

"赋能自我。成为你想要、你需要成为的那个人。"

"今天行动起来——创造你一直梦寐以求的成功人生，开始真正享受生活。"

你知道我在说什么——就是那些说点击几下鼠标或观看几分钟视频就能改变你人生的励志内容。当下这类内容随处可见，而且常常呼吁你（最终）要对自己的生活做出一些改变。如果像我一样，你真的觉得这类内容多少令人望而生畏，甚至可以说，实际上还会让人失去动力，那它就会让你产生"我永远也做不到，何必白费力气"的感觉。

在自我反思的那段时间里，我进行了深刻的自我剖析，希望通过阅读、倾听并向各种各样的人学习来获取一些灵感——从前面提到的那些亿万富翁，到瑜伽修行者，再到效率专家和网络意见领袖——学习他们关于如何帮助他人实现梦想的思路、经历和方法。我之前听过很多这类人分享的内容——你可能也听过，但我花了些时间才意识到，为什么直到现在这些都没能真正促使我行动。

我发现，虽然很多现成的内容和榜样的确很励志，但他们所取得的很多成就，对像你我这样的普通人来说似乎遥不可及。他们中的许多人起点很高——拥有无尽的财富、完美的家庭生活或已经完全实现的全新开始。通常他们的起点，就已是我们很多人想踏上的旅程的终点，看到他们过得如此之好，可能会有点儿让人泄气，不是吗？有时候，这与我们日常的生活现实差距太大。

这些资源非但没让我感到振奋，反而常让我感到失落——而且被他们以及他们的故事彻底吓到了。听了他们讲述逆境以及如何克服逆境的故事，结果非但没让我觉得自己可以征服世界，反而让自己感到丧气，这显然不是他们的本意，但我猜可能不止我一个人会有这种灰心的感觉。我们最后只是在旁观，而不是去效仿他们。正是这点刺激我在自我发展的旅程中写下本书。我想尝试去帮助其他人，设定现实可行的目标，以便朝着他们的最终目标取得一些进展。

另外，我发现很多励志作者讲述的故事往往过于简略——"我，燃起来了，做些工作，大吼一声，全力以赴，然后就成了亿万富翁"。我之所以写这本书，是因为如果你和我有哪怕一点点相似之处，你也常常会在那种激进的情绪中感到格外害怕和迷茫，而不是受到鼓舞。我还觉得一些我读过的书过于关注结果，而不是关注过程以及享受达成目标的方式——说到底，如果它们不能帮助你到达你期望的目的地，那它们有什么用呢？

真相是，你能达到他们所达到的高度，但这需要一些规划。这些规划必须让你有足够的时间去反思、计划，然后去践行你自己想要去往的方向。我会带你了解我如何一步步努力，逐渐接近我想成为的那个人——我的"目标自我"，现在，也是你的"目标自我"。

还有一些励志大师会指出这样的现实：你没在早上 5 点冥想，你没有那样的导师，没有关于自己要去往何方的宏伟规划，银行里没有十万美元的存款，早餐前也不会跑十公里。但是，只要有恰当的可操作的规划、日程安排以及每日专注，所有这些都是可以实现的——你只需要一步一个脚印，一次做一件事。我想让你从仅仅旁观或阅读他人的成功，转变为想要改变并开始自己做出改变。

正是进行更多这样的反思，以及开始实施诸如写日记、冥想、与自己"对话"等的想法，真正促使我写下了本书。在读到有关一位大师的日常安排和生活方式的内容时，我感觉一切都与自己的现实情况以及现代生活的压力相去甚远。然而，我内心也清楚，在这些方面不做出改进会阻碍我实现自己的目标，所以我知道我必须开始认识并构建自己积极和消极的行为模式。

如何使用本书

本书的写作方式，让你能够根据自己偏好的学习方式或可利用的时间，来决定如何最好地利用它。本书涵盖多个主题，这些主题能帮助你对自己努力想要达成的目标——也就是我所说的"目标自我"，建立一种全新的看法。可以将其想象成一年后一个全新升级的自己——如果你愿意，也可以说是 2.0 版本的你，在这个版本里，你在开发和应用新想法方面会取得显著进展，而这些新想法将有助于你设计未来生活的架构。

每章都包含一些实用的点子，能帮你实施一些相对微小的改变，但其影响巨大——包括对你们当中有所怀疑或时间紧张的人的一个底线的建议，那就是"只做一件事"！

在后续章节中，我会带你了解我旅程的下一部分——我是如何重新调整自己的关注点，摆脱休假后一直笼罩着我的精神困境的，以及我是如何开始沉浸在类似本书的内容中——比如书籍、播客、YouTube 视频，并与导师交流探讨如何朝着自己想要实现的目标前进的。

好，那接下来做什么

我比以往任何时候都更坚信，任何人只要下定决心，几乎可以做成任何事情，但我也相信，人们越来越被"如何"迈出旅途初始的一小步所困扰——而且，如果他们哪怕稍微有点地方跟我一样，那所面临的挣扎，可要比那些高度励志的成功故事所暗示的多得多。

但是，我们都需要从某个地方起步。因此，本书的十二个章节完全是为了帮助你开始去成为你想成为的人，并至少明确在这段新旅程的第一年里你想要达成的目标。我希望这些也能成为一个起点，驱动你在生活中进一步学习和发展出令人振奋的实践，以帮助你不断发现并实现自己的人生目标，无论这些目标是什么。

对于喜欢把事情写下来的人来说，我已为你们提供了添加自己的关键节点和反思的机会，从而你可以制订出自己的行动方案，并规划如何在每一点上取得突破。这样一来，到最后，你们就会拥有一系列我们共同制定的行动要点。我还保证，如果你读完了本书，你将会对下一年想要前进的方向有更清晰的想法，并且对自己的"目标自我"将会是什么样子有一个清晰的愿景。

你需要去适应比平常更有野心的状态，但要确保这是在善待自己以及他人的基础上——根据我的经验，这两点对于保持持续的动力是必不可少的，这样你就不会给自己设定荒谬到无法实现的目标。

这一切听起来如何？你准备好和我一起逐一梳理上述内容了吗？

你说："那现在做什么？"我说："是时候做出选择了，如果你想做出一些新的选择——你是打算参与还是离开呢？"

很好。

第一章 自我时间

其他人是如何突破的

> 爱自己，照顾好自己并置自己的幸福于首位，这并非自私。这是必要的。
> ——曼迪·赫尔（Mandy Hale）

啊……想到这一点就心醉神迷。时间只属于你，只属于你自己。从工作、家庭、喧嚣中抽离出来，说来有趣，这个想法有时听起来很美妙，但同样也制造出一种令人难以置信的恐惧。你偶尔也会有这种感觉吗？

当它听起来很美妙时，那可能是在海滩上度假，又或是在沙发上狂追网飞剧的时光。但事情往往没那么简单，不是吗？协调朋友、家人的关系以及处理各种琐事固然有意思，但也有压力，就算在情况最好的时候也一样。有时候，不管当下有多开心，不同的担忧还是会悄悄袭来——也许是你即将回去工作这件事，它像个幽灵般在背后悄悄逼近，尽管其他一切都那么令人愉快，但你知道它就在那儿。我还经常发现，这些时光往往始于压力的陡然增加——在赶飞机前的整晚和整个上午，会有大量十万火急的工作任务需要你亲自处理（"我可以解释，但我自己做会更快"），或者在度假时还得工作，又或者是那种"恐惧"（我的好友卡尔和本都是这么讲的——所以它应该是真实存在的！），就是在你上班前一天或者刚打开电子邮箱收件箱时会产生的那种感觉。

不管怎样，不知不觉，假期早已远去，它带来的所有积极影响也一并消失了。如果你在假期里成功做到了完全不碰电子设备，那回来后肯定又全都恢复原样了，对吧？如果你和我一样，曾对自己许下承诺，醒来的瞬间不会立刻查看手机上的所有消息和新闻推送，这个承诺肯定早就被打破了。那现在该怎么办？

放 空

在意识到自己需要花些时间休整一下之后，我的下一步行动就是，嗯，空出一些时间来试着开始休整自己。理论上，这挺简单的，但在考虑该怎么做时，我有了几点认识——我以前从没这么干过。真的，我从没有停下来，有意识地审视自己，反思自己，并决定哪些方面对我未来的发展有益——我从未独自一人做过这些。

等等，你可能会讲，我不在家人身边的时候有很多"独处时间"：我会和朋友见面；我每天要工作很久；我每天坐火车要花两小时；我会去健身房；我会去逛街；我有时能设法抽出 30 分钟看看报纸，看看体育比赛集锦，读篇文章或看个短剧；甚至我还能去喝杯啤酒。你还想让我做什么？

我要说，这些例子本身没问题，但我也要说，这和我马上要建议你尽快去做的那种"给自己空出时间"不是一回事儿。在上述这些时候，我们更多的是在寻求片刻的喘息，如果我们在进行任何反思或思考，那可能也只是回想当天的具体事件，或担心接下来可能发生的事。我们并没有把与自己相处、思考自己的时间放在首位。尽量不要让你的思绪飘到"……但我不能那么做，那样对 × 不公平"，或者"何必呢"，甚至"我不明白我为什么要那么做"这些想法上。先别急着给自己找理由解释"为什么"，先把时间空好。

我知道在极其忙碌的生活中，这很难实现，但就像做微积分题目，之所以难，可能是因为我们很少，甚至从没真正这么干过。我们不习惯为此调动我们的大脑或心灵。所以，就像 20 世纪 70 年代电视广告里的小绿人⊖说的那样（读到这儿，你们当中至少得有那么两个人肯定还记得那个广告！），你需要停下来，审视自己，倾听自己内心的声音，而且要专门留出一段时

⊖ 这是当时英美国家一个电视广告里教小孩儿安全过马路的交通管理员。——译者注

间来做这些。

因此，你的第一个行动既容易又困难——但是，嘿，欢迎来尝试一些新事物。相信我，你我都一样——尽管我想到了要这么做，但我还是设法拖了一周多，尽管当时我其实没啥急事要做！

> **现在，只做一件事**
>
> 你要做的是空出一些时间——根据你个人的情况，这或许意味着在接下来的十天里（这样你就有两个周末可以尝试安排进去）至少留出两小时、一上午、一下午或者一整天的时间。选个对你来说最合适的一天和时间段——但你得能够摆脱日常的生活轨迹。

如果你能自主安排时间，并且假设目前还没有任何个人的原因去限制你这么做，那就先停几分钟吧，别继续阅读这篇文章了。打开个日历应用程序（来吧，反正你每隔30秒就会看一眼手机），或者找出你的日程安排笔记本，或者看看冰箱上的日历，又或者和你的伴侣聊聊（或发邮件），问问他们的时间安排——不是去征求他们的许可，只是单纯问问。你可能有一些事情要忙，或缺少支持，让抽出时间这件事情有困难，我也明白，抽出时间并不一定像我在此说的这么容易。但还是要尽量挤出时间——也许可以请之前愿意主动帮你的人替你顶一两个小时，这样你就能去公园或咖啡馆坐坐。如果做不到，那就试着在某个清晨或深夜挤出些时间。再次说明，我知道这对你来说可能不容易，但请务必尽量优先为自己留出些时间。

你可以自己给需要的这段时间找个"理由"（当然还是得给出一些合理的解释——"我下周五要出去，不能告诉你为啥，周六见"，这种说法可不会让别人相信你呀），但要像安排你人生中最重要的会议一样，把这段时间写进日程表。如果你在时间管理上有一定的灵活性，那就选择你认为自己状态最佳的时候。每个人的最佳状态时间不一样——我见过有些人在只睡了两小时、宿醉难受或吃了太多甜食的情况下，想出了绝妙的点子。你了解自己（即便最近没有反思过自己的生活状态），所以要尽可能地为自己创造成功的条件（就像那些大师说的那样）。如果你是个早起的人，可以考虑定个闹钟，一睁眼就起床，然后按我接下来建议的步骤去做；同样，如果你是个夜猫子，那就空出一个晚上。至于"地点"——同样，这由你决定，但我建议去一个没人认识你，也不太可能有人看见你从而打扰你的地方。也许是某个能激发灵感的地方，也许是某个你知道能让自己享受宁静、独处且能专注不受干扰或少受干扰的地方。

就我个人而言，我知道如果我试图在家这么干，肯定会分心，所以我确实预订了半天时间，开车去了一家我以前住过的酒店，那里有一个漂亮的户外休息区，然后我在那里一直坐了四个小时。

> **现在，只做一件事**
>
> 请记住，要真正专注于自身，哪怕只花几个小时，这不是自我放纵，而是自我关怀。我相信，正在阅读此书的你们中的许多人，在为自己争取时间时不得不考虑别人，这会让事情变得麻烦。那么请确保，你也能给予别人同样的机会。坦率诚实地说出自己的需求可能出乎意料地困难，但这也是你踏上旅程非常重要的第一步。

别拖延，立刻行动起来。我明白这一切对你而言也许有些陌生。所以，不妨参考以下建议，看看自己能否顺利执行。

按下重启键

> **你可能在想……**
> 你说："我就是没时间。"
> 我说："你是没允许自己给自己留出时间。"

是时候多去了解自己了——不过咱们还是先从基础做起。

重启，这事儿在我们生活中似乎越来越少见了，不是吗？我们把电视、手机和平板设置成待机，一直插着电，却很少关机。除了 IT 部门那句"有问题就关机重启"的笑话，我们在生活中很少真正经历重启，不是吗？和朋友相处，我们相互问候、聚会，但一切照旧——同样的笑话反复出现，简单交流近况后，就接着忙下一件事了。工作上其实也一样——我们很少停下来，或重启，事情更多是在持续推进。

进一步延伸电脑关机重启这个类比，重启是个全新开始，但并非从零开始。电脑重启后，你仍然会看到熟悉的桌面——一个有各种图标的桌面，但现在你可以选择在此桌面上做些不同的事。

写下关于你自己和你的人生旅程中最先浮现在脑海中的事。这里没有对错之分。这是你，你的生活，你的经历。

接下来问问自己：我的生活中缺什么？关键是，我建议你不要把这想成"我想改变什么"。求你了，这时候千万别陷入这种思维。我知道你之前听过无数次了，我们无法改变过去——这不是我们现在要尝试做的事。

而是要更切实地去思考：作为这种改变的一部分，你想多做些什么事？找份新工作？换个更好的工作？换个好老板？遇到一生挚爱？结识一群能提供支持的新朋友？还是去你一直梦想的地方旅行？再次强调，这不一定要极其积极乐观——你可能本能地觉得自己要做一些艰难的决定，面对前方的困难。就跟过去一样就行，把大大小小的事写下来。然后，你要怎么做？

这下一个问题，就是想想那些缺少的东西，假如你拥有这世上所有的资源，那在未来一两年内，你在自己的时间规划里面，想最先去做什么？

记住，你不一定非得考虑彻底"重塑"自己，除非你觉得有这个必要。所以，当然可以写下"还没去过火星，想去火星"，但是连埃隆·马斯克都还没完全做到呢，你可能要花些时间才能实现了！

> **现在，只做一件事**
>
> 现在就开始写下（或者说出来，甚至喊出来！）你对全新自我的一些想法。在下一章，我们会把这些想法规划到一个合适的时间线上，但现在先翻过这页，画一条新的线，起始日期为今天，终点设定在一百年后（谁不想长生不老呢？）。开始写下你的一些想法——一年、两年或三年后，你希望自己变成什么样子？未来十年乃至更久以后，你想要达成什么成就？

你未来想干什么？你希望哪些事不再发生在自己身上？当我建议你抽出些时间时，你对自己说了什么？你还相信那个自己吗？

我反复强调说这里没有限制，我只希望你尽可能多地关注未来的积极成长和幸福。生活很擅长源源不断地给我们带来负面情绪、失望和痛苦。我强烈建议你在规划未来时,别给自己增添更多负担。

完成了?比你想象的快,对吧?恭喜你,你刚刚对未来的自己有了一定的掌控,朝着成为你想成为的"目标自我"迈出了一大步。

允许自己前行

现在,在你着手做一些希望能给你的生活带来长期改变的事之前,我会很快意识到,对于自己未来的规划,我不确定自己能否成为那个"未来"的自己。我以前失败过,为什么觉得现在就能做到呢?我这里的障碍在于"获得许可",你们中的一些人可能也面临同样的障碍。

我们一生中花了太多时间去寻求许可、等待许可或根据许可去办事,不是吗?从很小的时候起,这就深深扎根在我们心里。这就是循规蹈矩。你猜怎么着?当涉及未来的自己时,规则少多了。时间、金钱、前景都没有这个限制——也不用每天花两小时通勤(当然,除非你喜欢这样,并且希望继续保持)。

现在你得迈出一大步。想象未来的你此刻正在和现在的你对话。他会告诉你别去担心些什么,哪些人、事和经历早已远去，哪些小细节你不再需要为之烦恼。你心里清楚。是谁或什么情况阻碍你开启成为那个人的旅程？忘掉你的背景，忘掉别人对你的期望（或者如果没人期望你有出息，也忘掉这点）——忘掉所有人，只想着你自己。

> **现在，只做一件事**
>
> 允许自己去改善现状。允许自己承认，此刻你或许并未处于理想的状态。允许自己意识到，你尚未实现所有的目标。如果可以，允许自己原谅并放下过往。倘若当下还做不到，那就允许自己至少把这些事搁置一边，就像把它们放进一个盒子，摆在架子上，堆在空房间里那堆"以后再处理"的杂物中，别让它们成为前行的阻碍。允许自己去实现心中所想。

很难，对吗？把仍然困扰你的事情记下来——脑海中某个声音还在对你喋喋不休的事，但也要写下你彻底放下的事。写下那些不再会阻碍你的想法、感受和经历。

每日执行计划的步骤

为了防止你跳过我建议做的事，本周你得从以下事情做起（见表 1-1）。

表 1-1

步骤	要做的事	反思与进一步拓展
步骤1	为自己安排并抽出一些时间（不管这有多难）	想想你能去哪里真正独处，有时间思考。你什么时候能去？要去哪里？谁能帮你（即便因家庭原因很难抽出时间）
步骤2	写下最先浮现在脑海中的事	一旦你有了自己的时间，写下关于你自己和你的生活中最先想到的事
步骤3	写下目前你生活中缺少的东西	如果你认真反思，你认为目前的生活有哪些差距和缺失
步骤4	详细分析你生活的各个方面	写下你生活中想保留、想多做或不想再做的事情
步骤5	允许自己展望未来	通过写下一些关于你想要努力成为的未来"目标自我"的笔记，给自己"许可"

现在，休息一下——这做起来可不轻松。吃点儿东西，喝点儿水吧。

我个人是如何突破这一困境的

如果你仍在考虑这对你来说是不是正确的选择，我理解并尊重你的想法。我唯一希望的是，你先做这件事——为自己留出些时间，就当这是你人生中最重要的一场会议。哪怕你只能抽出一个小时，哪怕你还没准备好去做完整的时间规划和展望，也还是要给自己一些时间去反思（记得带上些纸，以便你突然有了什么想法要记录……）。

第二章 A 解决过去

其他人是如何突破的

> 只有回首往事，才能理解生活；但生活必须勇往直前。
>
> ——索伦·克尔凯郭尔（Søren Kierkegaard）

在本章中，我会鼓励你开启这样一个过程：一方面接受，另一方面"忘却"你对自己可能抱有的固有认知，促使你既能坦然面对过去，又能从过去中解脱出来。归根结底，我们要从过往汲取经验，但在迈向未来的征程中，也不能让过去成为障碍。

在本章，我们将继续开展实际操作，围绕你在第一章构建的基本"目标自我"，增添更多细节。我们要为你过往的人生打造一个详尽的"时间线"，纳入对你而言最为关键的事件（不论好坏）、人物以及经历。之后，我们会根据这些创建一个未来版本的时间线，帮你清晰描述当下希望在未来实现的具体目标，或让你明确哪些事物是你渴望彻底丢掉的。

正如我多次提到的，我猜这种反思与个人成长方式对你而言颇为新颖。我明白这一切听上去或感觉上或许有些"离谱"，但请相信我，这是朝着改善你生活中不尽如人意之处，实现宏大梦想而迈出的重要的第一步。我发现，对我们大多数人来说，阻碍我们前行的事物往往与过去的某些时刻紧密相连。然而，就像成长与进步过程中的诸多事物一样，情况并非一成不变的。过去的很多经历对我们都有价值。学到的东西、回忆、经历，对我们而言可能利弊同在——我们只需抉择哪些是想要保留的，哪些是想要舍弃的。

记录你的过往时间线

首先要做的是一项简单的练习，而我们很少会从个人层面被要求做这件事——写下你迄今为止的人生时间线。如果你从未为自己的人生梳理过这样的时间线，那或许你曾为某个项目或商业计划中的关键节点梳理过。而我们将借助这种直观的方式来描绘你人生的发展轨迹。

没错，这并非我的独创——这个主意不是我想出来的，而且每个人做这件事的方式略有不同，所以就按我的建议来吧，因为这是我在自我成长之旅中，真正取得进展所运用的关键方法之一。

当你准备好坐下来做这件事时，我建议选择对你来说最舒适、最合理的记录想法和笔记的方式（但是，要把这当作一个成长的机会，尝试用与平常不同的方式去做！）。例如，你可能想拿一张 A3 纸和一些便利贴，或者如果你日常主要使用电脑或平板，那就创建一个新的工作簿吧。我还建议你准备一台能录音的设备，比如你的手机，以便记录这个过程中闪现的任何想法，或者若你只是喜欢把一些想法大声说出来，那也能用得上！

首要原则是在一张纸上画一条线，标记出"第 0 日"（即你的生日）到今天。从空间布局上看，无须精确对应，但要挑选你人生时间线上的关键事件，并将它们按时间顺序排列。一旦你开始动手，它看上去大概会是这样（见图 2-1）。

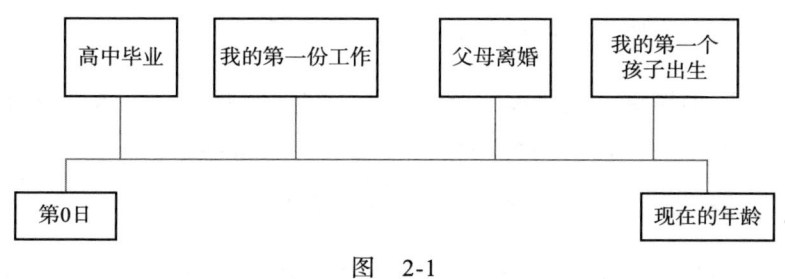

图　2-1

我们对自己得诚实——别只写下那些非常顺利、让你引以为傲的事。要是有什么负面的事在你脑海中"挥之不去"，别逃避——事实上，为了能放下它，你得直面它。记住，这不是一项会被"打分"的练习——没人期望你和别人分享，当然，除非你自己愿意。在训练班和培训中，这个练习通常是两人一组或多人一组进行的，大家会分享并讨论结果。我完全支持开诚布公且积极向上的交流，这一点我们会在后面的内容中谈到。但就我个人而言，我发现要从这个练习中真正收获最多，我就要独自完成，并且从一开始就不自我设限。

> **现在，只做一件事**
>
> 如果我们无法坦然面对过去，就很难真正去思考未来。通过写下我们的过去，我们能够"正视"它，清晰地审视它，并且在一定程度上，剥离其中的情感因素。

坦诚地思考过往——你去过哪些地方，做过哪些事？尽可能把它们当作事件记录下来。

这很简单。就梳理一个时间线，写下来就好——你能做的，一个时间线……你可能觉得这很容易，也可能觉得很难，又或者像我一样，第一次尝试时觉得根本无从下手！

我知道对有些人来说，这只是个简单的练习，但对我而言却非常难。所以，要是你也觉得难，别担心，我能感同身受——要尽你所能，让它切合你的实际情况。坚持下去。在记录过程中，你可以另外做笔记（或者记在同一个时间线上，这取决于你——这是属于你自己的时间，无须遵循他人的规则）。现在大功告成——你拥有了一份无比珍贵的新素材。

正视你的过往时间线

好了,接下来开始认真反思你所记录的内容。哪些事情记录起来轻松,哪些困难?在记录之前,哪些事情——无论好坏,让你印象深刻,停下来思考?记住,别自我审查,别觉得"这太微不足道,写上去太傻了"。同时,当某件事对你来说"意义重大"时,也别害怕承认。

你可能会发现,有些事就像我所说的脑海中的"刺"——某件事、某个人,或者一段回忆,像碎片一样卡在你的脑海里,你无法释怀,也无法抛却。这些往往会让人感到不适,比如你觉得曾经冤枉过你的朋友,或者你遭遇了并非自己期望的状况。

如果你觉得这个过程很艰难,别担心——我理解。实际上,反思自己远比专家们说的要难多了。但下一步很简单——不用去点根蜡烛营造氛围,也不用去来个瑜伽飞行动作(除非你想这么做)。去回顾每件事,为自己取得的成就点赞;对于那些你并不引以为傲或不希望它发生的事,随它去吧。好,你做得太快了,那咱们再来一遍!

如果你为某件事感到骄傲,那就好好花些时间沉浸其中——感受这份自豪,想象那种自豪感涌上心头的瞬间。我们很少能得到自己认为应得的或渴望的他人的认可,所以一项关键技能就是,当我们出色完成某件事时,要能够给自己一些肯定和赞扬。

对于那些让你感觉不太好的事,也同样对待。静下心,感受它，但这次别对自己太苛刻。考虑你从这件事中学到了什么能帮助你进步的东西，别考虑这个思考过程有多痛苦。希望这些过往经历，在现在不再是沉重的负担，或许还成了能让你更加明确自己不想重蹈覆辙的事。

说实话，过去我一直逃避梳理自己的时间线——事实上，我断断续续花了近六个月的时间尝试，并且按照我刚才给你的建议去做（反复回顾，直到我从中真正有所感悟）。然而，实际完成它，成了我人生旅程中的一个关键时刻——一方面，我放下了那些让我不堪重负的过往事件和经历；另一方面（通过未来时间线的练习），我也开始朝着更光明的未来迈出步伐，因为我开始看清自己想要到达的方向！之前我一直难以完成它，随着时间的推移，我意识到自己在努力面对负面事件和情绪，同时也在逃避正面的事情。但是，我渐渐明白，逃避其实是在抗拒承认这一点：关注自己是没问题的，或者探索过往生活模式，以便为未来做详细规划是没问题的。所以，如果你在这种深度内省上遇到困难，并且刚刚跳过了我在这部分建议你做的事情，心里想着"我稍后再做"……停，就为我做这件事。我支持你——不会指责你。在很长一段时间里，我自己都根本无法完成对我的时间线的梳理——我连笔都落不下去。

对我来说，部分原因是我天生是个非常向前看的人；我不太喜欢回忆或怀旧（至少我是这么告诉自己的——我们会在后面的内容中深入探讨你可能对自己讲述的"故事"）。我想，在内心深处的某个地方，我对自己并不感到骄傲，对自己取得的任何成就也并不开心。很多胜利都让我感觉有点儿空洞。即使事情进展顺利，我也觉得自己做得不够。我觉得人们对我很失望。我对自己很失望。尽管做了一些不错的事，但在我心里，我觉得自己毫无价值。

然而，当我（终于）把这一切都写在纸上时，奇妙的事情发生了——我意识到我对过去很多我认为负面的东西的"感觉"并不那么准确。我的想象把它们夸大了。当我开始一步步记录下来时，许多回忆涌上心头——那些我已经遗忘的人，还有那些我实际上感到骄傲并且值得回味的事。当然，写下那些一直困扰我的时刻——失败、拒绝、死亡、失望——更困难，但当我这么做的时候，我开始感觉从这些事情中得到了某种解脱。我的意思并不是完全解脱——就像我多次说过的，任何事情都没有"神奇"的解决方案，但把事情从脑袋里转移到其他地方绝对是有帮助的。所以，咱们开始做吧！

> **现在，只做一件事**
>
> 出于种种原因，不想回顾过去是可以理解的。但如果我们不承认过去对我们的影响，就无法迈向未来。
>
> 允许自己承认，过去的某些方面或许并未 100% 如你所愿地发展，但也要明白，正是这些经历，将引领你开启人生崭新而精彩的未来。

我希望，就像我一样，完成这项任务也能为你带来新的生活活力——也许这会是众多"顿悟"时刻的开端，让你通过一项简单任务，改变看待事物的方式。那么，咱们继续练习的下一步，更紧密地与你接下来想要达成的目标建立联系。

你的未来时间线会是什么样的

让我们畅想未来。首先，闭上眼睛。（真的，没人在看你，就算有人看，别担心——他们此刻是否像你一样，在对自己的人生做出重大改变？）接下来，想象一个"未来的你"，在那里一切皆有可能（嘿，如果我们很快能登上火星，也许真的一切皆有可能）。试着感受那种情景。这个"未来的你"是什么样的？你看到了哪些事物，身边有什么人和什么东西？你身处何方？与现在的生活相比，哪些方面不同，哪些方面相同？

我知道这很难，而且你可能已经对此感到有些不确定了。如果这种畅想未来的事意味着要不断推测，也许你已经准备放弃这些自我提升的内容了。但是，加油啊，你都已经花这么多时间了——咱们继续吧。

一旦你脑海中有了画面，这时就把你观察到的关于这个"未来的你"的一些关键信息简要记录下来。现在，把注意力转移到更具分析性地审视这个"你"（没错，这就是你，但又还不是现在的你，所以就按我说的来）。思考在一路走来的历程中，他的志向是什么——他是如何实现目标到达那里的？如果这样做对你有帮助，你完全可以自由发挥。同样，就像本书的很多内容一样，没有什么限制，除了一点：写下你自己想要的东西，而不是别人期望你要的，也不是你认为别人希望你想要的。

如果你还没给自己留出时间思考就看到了这里，那先停下阅读，闭眼，开始想想这个未来的你是如何成为现实的。

有思路了吗？

好，现在我们来试着把这些想法规划成"未来的你"可能走过的一段历程。画一个未来的时间线，从你之前画的时间线结束的地方开始。如果你用了一张很大的纸，你可以在原来的时间线上延伸，但很多人也喜欢重新开始，在一张新纸上画，以表示过去已然过去。

未来时间线

举个例子，你在未来的工作上具备了专业资质吗？你参加过某个课程、获得了某项证书，还是积累了一些关键的工作经验？如果是，那就把这些作为未来时间线上的关键成就标注出来。你是否住在不同的地方？为了搬到那里你可能已经做了些什么？存钱，购买或租了一个新住处？搬到了另一个国家？同样，把这些当作一项成就记录下来。因为这是比较费神的事，我建议你目前只规划到你感觉舒适的未来的时间段。

如果这对你来说很难，而且鉴于本书大部分内容以及剩下的建议都是围绕在接下来一年的专注努力中推动你前进，目前我建议你在未来时间线上至少规划到五年后，以便为你明年即将开启的旅程建立一些背景框架（见图2-2）。

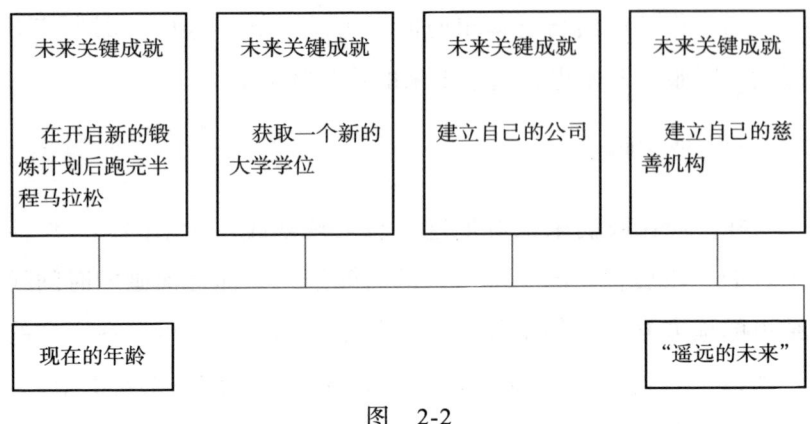

图 2-2

只需跟随你内心和头脑中的感觉，规划一些你知道自己想要完成或改进的事情——或者是你目前不满意的事情。关键是，这些事情得是你渴望努力实现的，比如一份新工作、一个新家、开创（或扩大）自己的事业、接受某种新的教育，甚至是迎来一位新家庭成员！我希望这些事情能鼓舞人心，如果你的脑海中浮现的是"还清债务"这类事情，它们虽然艰难，但会彻底改变你的生活。这些未来的成就不一定要全是关于个人的——例如，你可能也希望专注于帮助他人实现他们的目标。你的很多目标可能与他人——你的配偶、伴侣、孩子、家人、同事、员工——相关或相互关联。这些都没问题，但我之所以坚持让你给自己留出时间反思自己的现状和未来的目标，部分原因是我希望你开始习惯在优先考虑他人的同时，也优先考虑自己。不要害怕为自己以及最亲近的人去做一些事情。

如果你现在有更大的抱负，也不要有所保留。我会反复强调这一点，因为这至关重要：不要自我设限，不要限制自己认为能实现的目标。当你写下未来的目标时，试着按顺序思考——它们是否存在某种逻辑顺序？试着一步一步地规划，构建一系列事件，引领自己到达这个"未来时间线"的终点。

> **现在，只做一件事**
>
> 绘制你的未来时间线。去憧憬一个当下看似难以企及的未来也无所谓。如果我们不承认未来对我们的影响，就无法迈向未来。
>
> 让自己认识到，过去或许并未完全如你所愿地发展，但你依然掌控着自己的未来！

你对未来是怎样的感觉

未来在向你诉说着什么？有很多事要做吗？我敢肯定有，但希望在那个时间线上也有一些令人兴奋的志向。

看看列出的成就，以及你在所选时间范围内的目标——问问自己，这让你有什么感觉？满足？开心？畏惧？也许你更实际地看待它，脑海中浮现出了"无法实现"这样的词。任何由此产生的感觉都是完全合理的，因为这正说明这个任务起到了作用——它让你产生了某种情绪！我第一次做这个练习时，将情绪与实际目标联系起来真的很奇怪——然而，我逐渐意识到，这对于取得有意义的进展绝对至关重要。就我个人而言，我在考虑目标时常常"不带情绪"。很多类似的练习实际上都鼓励你这样做——只讲事实，冷静反思。但对我来说，这无助于让自己产生想要去做的动力。我意识到，我之前没能实现一些目标，可能正是因为这个原因——我与这些目标的联系不够紧密，我没有为它们热血沸腾——一切都太抽象了。

其他人是如何突破的

无论如何，成为你想成为的人，永远都不嫌晚，或就我而言，也永远不嫌早。没有时间限制，只要你想，随时可以停下。你可以改变，也可以保持不变，这件事没有规则可循。我们可以把它做到最好，也可能搞得一团糟。我希望你能做到最好。我希望你能见识到令你惊叹的事物。我希望你能体验到从未有过的感觉。我希望你能遇见观点不同的人。我希望你能过上让自己骄傲的生活。如果你发现并非如此，我希望你有勇气重新来过。

——艾瑞克·罗斯
《本杰明·巴顿奇事》电影剧本

所以，再看看这个已经实现了所有这些成就的未来的自己。这些让你有什么感觉？真实地去感受——对未来的感受，还有当下的感受。如果这样更容易，那就写下这些感受——不要逃避，因为这些是我们必须应对的，在某些情况下，它们可能正是你实现目标的原因。例如，如果未来的你显然是一个非常坚定的人，那么现在就应该"拥有"坚定这种良好的感觉。如果你对这个未来的自己有负面情绪——甚至脑海中浮现出"嫉妒"这样的词——那么同样地，你在前进的过程中也必须处理好这种情绪，否则随着时间的推移，这类情绪就可能会演变成怨恨了。

> **现在，只做一件事**
>
> 反思你当下所处的状态。对于自己正在做的、明知毫无益处或者本可以更积极推进的事情，你心里一直挥之不去的想法是什么？把这些想法写下来，"释放"它们（也解放你自己），这样你就能着手计划如何应对这些问题。

每日执行计划的步骤

呼，我们已经处理了不少内容！梳理了你的过往时间线，展望了未来，还列出了一份不错的待改变事项清单作为起点。哪怕你只写下了一个想法，都值得恭喜——你已经开启了自己的旅程，迈出了大多数人觉得极其困难的第一步——你倾听了自己的内心和真实的内在声音。

为了防止你跳过本章我所建议的内容,这里回顾一下本周你需要开始做的事(见表2-1)。

表 2-1

步骤	要做的事	反思与进一步拓展
步骤1	创建一份截至目前你人生的时间线	当你有了独处的时间,写下那些关于你自己和你的生活的第一时间闪现在脑海中的事情
步骤2	正视你的人生时间线	回顾这份时间线,你对自己迄今为止的人生作何感想
步骤3	创建一个关于你理想未来的全新时间线	写下你目前生活中所缺失的东西
步骤4	接纳未来带给你的感受	思考逐渐浮现的未来的你与你的生活——与你当下的状态相比如何?此刻又让你有何感受

现在,休息一下吧——这可是很费精力的事。如果你是在晚上读到这里,那就该睡了;要是在白天,就吃点儿东西、喝点儿水。在下一章,我们将进一步探讨你如何看待自己,并开启"重启"思维模式与关注点的过程。

> **我个人是如何突破这一困境的**
>
> 当时做这些事的时候,我心里满是抵触,但我确实尝试了本章中所建议的所有事情,而且真的觉得每件事都难如登天。

我意识到的主要问题是，我花了太多时间操心别人的需求，却未专注于弄清楚自己需要什么。我总是在思考、规划，想出新点子、新方案，尝试新事物，但我从未停下来反思自己"为什么"要这么做，以及要"去往何方"。

当我开始反思自己的经历、生活以及想要达成的目标时，我生平第一次真正给自己留出了空间，也允许自己这么做。这本书包含的所有内容和想法，也都始于那个时刻——从那以后我就一直在实践！

在后续章节中，我会带你了解我旅程的下一部分——我是如何重新调整自己的关注点，摆脱休假后一直笼罩着我的精神困境的，以及我是如何开始沉浸在类似本文的内容中，比如书籍、播客、YouTube 视频，并与导师交流探讨如何朝着自己想要实现的目标前进的。

第三章 R 重启自己

其他人是如何突破的

> 每个人都想改变世界,但没有人想改变自己。
> ——列夫·托尔斯泰(Leo Tolstoy)

到目前为止你感觉如何?轻松还是艰难?充满动力还是令你畏惧?还是兼而有之?别担心,事情很快就会明朗起来。

是时候继续前进了,但现在你需要为自己塑造一个有所进步的新形象(或者确认你热爱当下的自己)。为了让这个形象深入人心,这一形象需要是你对长期目标的"真实愿景",这样你就可以开始规划未来一年迈向目标的第一步。

机不可失,时不再来,所以,让我们来详细描绘一下你的

"目标自我"吧——记住，这要像一座明亮的灯塔，指引你成为理想中的自己。

> **你可能在想……**
> 你说："可是……我真的能变成另一个人吗？"
> 我说："要允许自己尽快成为真正的自己。"

你未来想做什么？那个未来的你是什么样的？哪些现在给你带来负面影响的事情将不再发生？我反复强调过，几乎没有什么规则能限制你。我知道现在很难看到前进的方向，或者难以相信事情真的能改变，但一切都要从你自身开始。这听起来可能有点儿"离谱"，但你必须相信自己能够改变。你不必把未来的自己想象成一个截然不同的人——可以是不同的，但同样也可以是更好的自己，真正的自己，一个充分发挥了你毋庸置疑的潜力的"你"。尽可能多地关注未来的积极成长和幸福。

所以，你现在的第一步行动——无论你此刻身在何处，就是闭眼，想象一个"未来"的自己，在未来一切皆有可能。

现在，只做一件事

切实让自己毫无阻碍、毫无限制地去想象、感受并体验未来的自己，别管旁人说这不可能。哪怕只花一分钟畅想未来的自己，都可能改变你的人生。

让我们先接受这样一个想法，即未来的你可能与现在的你大不相同——这就是"目标自我"。当然，一如既往，要说明一下——不一定非要大不相同，如果你对自己很满意，那就以现在的自己为基础来塑造未来的你。我只是鼓励你挣脱束缚，大胆想象。"大胆"是指，可以是你想要的任何样子——就个人而言，你的性格、你身边的人、你所拥有的东西以及你想如何帮助他人（抱歉，最后一点是必选项）。

不要把这个人看作你的最终目的地，而应将其视为一个关键的里程碑——未来某个时间点的你，这个时间点足够遥远，让你意识到你需要成长、学习和适应才能成为那样的人，但同时又让你感觉切实可行。

那么，让我们试着积极专注于一些事情：这个未来的你是什么样子的？你看到了哪些事物，有怎样的感受，身处何方？你的生活与现在相比有哪些不同，又有哪些相同之处？

接下来，想想那些缺失的东西——在未来一两年的时间线上，你首先想做什么？

此时，就轻松在第一页写下一些笔记（或者在手机上输入）——写下对你所想象的这个人的观察。他的志向是什么？他为了实现目标做了什么？跟着感觉写就行。同样，就像本书的大部分内容一样，除了写下你自己想要的，而不是别人期望的，也不是你认为别人希望你想要的，没有其他限制。我一直努力鼓励你挖掘更深层次的想法。

现在，让我们充实一些细节，让未来自己的形象更加生动。

你想成为什么样的人

其他人是如何突破的

如果你甚至没有尝试过做些非凡之事，那活着还有什么意义呢？
——约翰·格林（John Green）

以我的经验看，很多人都想成为别人，但我觉得这一点怎么强调都不为过——你不必如此。

"像一个完全不同的人"这句话常用来形容那些彻底改变了自己生活或性格的人——但他们本质上还是他们自己。

遗憾的是，旁观者往往想不到，他们可能只是成长了、改变了，以一种让人难以置信的、他们并非一直如此的方式塑造了自己。不过，我很确定，这些人的很多特质一直都存在，就像你身上也有一样。我更愿意把这看作想要"像"别人，而不是变成另一个人。即使你对自己不满意，你也可以改变——你可以以任何你想要的方式变得更好。

与其想成为别人，我认为从"特质"层面思考我们想要改变或更像他人的愿景会更有意义——想想你欣赏的别人身上的特质，你希望自己也能更多地拥有这些特质！

这个愿景练习的下一部分是利用这个想法，想想你认识的人——他们可以是你的家人、朋友、同事，或者更广阔的世界里的人。

理想情况下，也想想那些与你的"目标自我"取得了相同成就的人。不要对这些成就设限，抽象地或具体地思考，怎么对你有意义就怎么来。

想想为什么他们做的事能让你"倾听"他们，并以某种方式与他们产生共鸣。是他们激励他人行动的话语，还是共同的愿景？是他们展现出的某种同理心，还是他们在工作中的卓越表现？

他们是坚定执着的人吗？是那种领导团队且从不忽视团队成员感受和努力的人吗？也许他们是那种会对他人做出微小却意义重大的感恩之举的人——这让他人感到自己很重要，自己的努力得到了认可？也许他们是那种在别人不会说"谢谢"的场景下懂得表达感谢的人？

也许你会想到那些能极其清晰且生动地描绘未来图景的人——他们对可实现的目标有积极的看法，但同时又诚实且现实？

也许是那种首先把自己视为团队一员的人——他们相信集

体的力量，为了更大的集体利益而以团队合作的方式做事？

也许是那种先倾听，然后行动的人——他们接受反馈并付诸行动？这种人可能倡导一种清晰且彼此协作的工作和领导方式，他们的沟通风格会非常直接——他们想确保所有人都达成共识并共同前进。

也许你想成为那种能始终如一地表达积极态度的人——他们总能看到杯子是半满的，在极其糟糕的情况下也能看到光明的一面，同时一直保持着令人难以置信的同理心？

也许你喜欢那些看起来值得信赖的人——说真话、展现出正直品格并言行一致的人，或者至少会尽一切努力兑现承诺的人。

也许他们是那种默默做事、不图赞誉的人。

也许是那种真诚的人——看起来真实、言行一致？

也许你会想到充满激情的人——那些凭借坚定的意志和信念激励你的人？他们往往肩负使命，无论是作为个人肩负使命还是作为某个组织的一部分肩负使命。

也许是那种在自己的领域堪称"最优秀"的人——他们重新定义了一个类别、一门学科、一项运动、创意艺术（如音乐、书籍、电影或艺术）的某个领域？

也许你基于他们的成就喜欢他们——他们做过你也想做的事吗？你想超越他们，还是只做到他们的10%，或者1000%，甚至更多呢？

也许是那种有一种难以言喻的"能量"的人？他们的能量仿佛从每个毛孔中散发出来。

也许是那种似乎拥有你想要拥有的东西的人？这样想也没关系——一如既往，不要设限。可以是完全物质的东西——一栋房子、一辆汽车、一种生活方式；也可以是个人层面的东西——一个家庭、朋友、他们的贡献方式等。

他们可能是名人、企业家、艺术家、人道主义者。对我来说，奥普拉·温弗瑞（Oprah Winfrey）在很多方面都激励着我。而你要选择对你最有意义的人，这完全由你决定。

> **现在，只做一件事**
>
> 列出一份你真心钦佩的人（以及几个你不钦佩的人）的名单，思考他们之间的异同——想想在塑造"全新"的自己时，你希望从他们身上的不同方面借鉴些什么。

你想拥有什么

虽然我们需要聚焦于未来的你的情感和性格层面，但当然，对于你的"目标自我"来说，还有其他方面需要考虑。

想要获得一些东西并没有错，真的。在当今社会，这是人之常情。现在，利用你对"未来想成为什么样的人"这个问题所形成的想法来思考以下问题：这类人拥有什么？他们是如何利用这些东西的？

开始列出未来的你想要的东西。只要你觉得合适，私人飞机、后花园的网球场以及去迷人的地方度假都没问题。你可能想要一栋漂亮（或更漂亮）的房子，也可能是一辆更好的汽车（或多辆汽车）。就像你思考你欣赏（和不欣赏）的人一样，不要对物质设限——诚实地面对吸引你的东西。写完了吗？好的，先把这个放在一边。

你和谁在一起

其他人是如何突破的

> 远离那些试图贬低你雄心壮志的人。心胸狭隘之辈总是如此，而真正伟大的人会让你觉得自己也能变得了不起。
>
> ——马克·吐温（Mark Twain）

让我们来探讨另一个重要问题：当你想象未来的自己时，那时的你和谁在一起？家人？是新组建的家庭吗？是老朋友还是新朋友？还是两者都有？如果你有同事，你对他们来说是什么样的人？你还能从身边的人身上学到什么？他们又能从你身上学到什么？

相对于他们，你想成为什么样的人？一个好女儿/儿子、好丈夫/妻子/伴侣、好叔叔/阿姨、很棒的爷爷/奶奶？

像我们已经完成的前两步一样，在进行这个想象时，倾听自己的内心，诚实地面对自己想要的东西是极其重要的。

你想给予什么

其他人是如何突破的

如果你想成就自己，那就先去成就他人。

——布克·T. 华盛顿（Booker T. Washington）

最后一点，但绝对同样重要的一点是，在未来，你希望能够给予什么？

我们已经谈了很多关于给自己留出时间，以便更清楚地了解潜在的人生方向和长期目标的内容。假设你已经实现了这些目标——毫无疑问，这是通过努力工作实现的，那么理想中你会回馈什么，又会回馈给谁呢？如果你能挥舞一根魔法棒，你对服务和帮助他人的长期愿景会是什么？

他们是谁？你想如何帮助他们？思考一下你可能选择捐助某个慈善机构或支持某项事业的原因。同样，在这个问题上不要限制你的想象力——大胆想象。你想治愈一种疾病吗？你想改变世界的某个地区吗？还是你只想帮助几个关键的人？

把所有这些都写下来——从脑海中梳理出来，写在纸上或电脑上，看看感觉如何。

现在，只做一件事

回馈他人是未来取得每一次成功的关键要素。由于眼下还有其他更重要的事，你可能很难按照自己期望的方式去做这件事，但我们总能对他人有所回馈。当你思考未来更具意义的行动时，不妨想想现在就可以开始行动的小方法，比如，你能否每周少买一杯美味的咖啡，把这笔钱省下来呢？

反思一下你"目标自我"的这四个部分，你能看到任何有意义的模式吗？你觉得自己是否已经完全允许自己"成为"那个未来的自己？

记住，你已经踏上一段终生的自我提升和学习之旅（并且还将继续这段旅程）。我相信你经历过很多艰难时刻，但希望你在这段旅程中也有一些乐趣。你有过失败，也有过成功，你并不总能得到你想要的，但你从中学到了很多。而现在，走到这一步，你正在采取行动做出改变——所以你一定能做到！

我觉得我们在人生的旅途中都需要一颗北极星来指引方向。我们至少需要知道自己目前要去往何方，我希望我们在这一章所做的工作能让你更清晰地看到未来的"目标自我"。我鼓励你继续调整这个愿景，因为你对自己的认知会不断发展，你会对自己有更多的了解。你会更清楚自己的立场、价值观和信仰。我鼓励你每天回顾一下这个极具效力的自我愿景，以便为你提供一个画面、一个目标、一座指引你努力方向的灯塔。

> **现在，只做一件事**
>
> 在设想未来的"目标自我"时，用以下结构，以简单的句子描述你未来的样子：
>
> （1）你想成为什么样的人？以"我现在正在做×、×和×，已经实现了×"开头。
>
> （2）你想拥有什么？以"通过大量的努力和一点点运气，我现在的生活中有了×、×和×"开头。
>
> （3）你和谁在一起？以"在我身边，有×、×和×"开头。
>
> （4）你想给予什么？以"我现在能够把×给予×、×和×"开头。
>
> 大声把这些内容读给自己听（即便你不得不小声，也要读出来），确保自己能与自己所描述的内容产生共鸣。做得好，这对你来说是一个重要的指引——只要感觉合适，这就是你要努力成为的样子，或者你可以一直将其作为目标，直到你下次进行回顾。你可以选择何时回顾，但随着你即将开启这收获满满的一年，我建议至少每季度回顾一次。

所以，很棒，你现在已经有了一个引人注目的未来愿景的雏形，也就是一个可能的自己，也是目标自我。更令人兴奋的是，你还达成了一些里程碑——一些关键成就。但归根结底，要实现哪怕第一个目标，你（我们）都得习惯每天、每周、每月执行计划，这样才能在未来一年接近这些未来愿景。就像本章标题所暗示的——试着每天做一件能让你积极向前的事情。

每日执行计划的步骤

感谢你花时间停下来，思考自己想成为什么样的人（至少是此刻想成为的人）。

我没有让你一开始就做这个练习是有特定原因的。我希望你专注于行动、保持动力，不要迷失方向，但现在你已经证明自己可以做到——你可以改变，那么让我们继续推进这个练习吧。

也许基于这个新的"目标自我"，你现在想考虑对你目前的工作和目标做出一些改变。你们中的很多人会意识到，自己已经在成为理想中的自己的道路上——你的"目标自我"并不遥远。每日执行计划的详细步骤可参见表 3-1。

表 3-1

步骤	要做的事	反思与进一步拓展
步骤 1	在思考你的"目标自我"时，想想你是怎样的人——以"我是……"开头	花些时间思考你想成为什么样的人。你希望自己因哪些特质而为人所知

（续）

步骤	要做的事	反思与进一步拓展
步骤2	想想你拥有什么——以"通过努力，我有幸拥有……"开头	未来，哪些财产或自由对你来说很重要
步骤3	想想你能给予他人什么——以"我能够给予……"开头	你希望如何为社会做贡献，具体会是怎样的贡献
步骤4	想想你身边有谁——以"我身边有……"开头	未来你身边会有哪些人，你周围需要具备怎样的活力氛围

我个人是如何突破这一困境的

实际上，践行我在本章所推荐的内容非常困难！在不同时刻，这感觉既像是自我放纵，又似乎充满希望，时而让人觉得徒劳无功，却又能极大地鼓舞人心。对于我构思"目标自我"帮助极大的一件事，就是将我脑海中想象的画面，用一些鼓舞人心的视觉素材整合起来，比如我想去的地方的图片、我渴望效仿的人的照片、我对自我关键洞察的记录，以及引起我共鸣的名言警句。

有些作者甚至建议用这些图片制作一幅拼贴画，有时这也被称作"愿景板"。你可以把它挂在墙上，或者把它设为电脑桌面壁纸或手机主屏壁纸。如此一来，你就能随时看到一些你最钦佩的事物，以及你渴望将其融入未来自我的元素。

第四章 G 获得知识

其他人是如何突破的

> 21世纪的文盲不是那些不能读写的人,而是那些不能学习、不能摒弃以往错误观念并重新学习的人。
>
> ——阿尔文·托夫勒(Alvin Toffler)

所以……你的"目标自我"正逐渐清晰成形!未来的你将具备一些关键特质,拥有长期想要达成的目标,身边围绕着优秀的人,还有令人赞叹的全新方式让你回馈社会。

在接下来的章节中,我们将更着重于制定一些关键的阶段性目标,这些目标是你希望在未来12个月内实现的(比如戒烟),它们不仅是你长期目标的支撑,还能为你注入新的动力。说到动力,我们现在就开启新的内容,如何?

为了迎接未来，你需要确保专注于培养一些新的核心优势和能力。我将通过条理清晰且有意义的方式，为你提供些思路，让你了解自己可能适合哪种学习风格，因为这些风格可能一直影响着你的学习能力。我还会推荐一些值得关注的内容，以便你沉浸在他人的想法中，从而保持开放的心态，聆听更多的观点、思考和见解，助力自身成长。听起来挺棒吧？当然很棒！

日常学习

归根结底，我鼓励你将每一天都视为一次全新的学习经历。这听起来可能有点儿过于简单，甚至有些难以置信。但我本意并非如此，实际上它非常明了：当你在某个看似巨大的障碍上取得重大突破时，或者当你因"突破"终于理解一个概念或想法时，哪怕只是试着去察觉并反思，也意味着你在每一天中都有所感悟。

> **你可能在想……**
> 你说："说真的，我讨厌学习课程。我非得学吗？会不会有考试啊？"
> 我说："为自己还有未知之事感到开心吧。你确实了解了一些东西，但并非全部。"

在我厘清思路的过程中，以及在我对本书所聚焦的所有领域进行初步研究时，我个人学习方面最大的突破之一，就是意识到我自己偏好的学习风格是什么，同时也明白了如何运用其他风格来选择正确的学习策略。

我着实惊讶于在学校里我们并未学习过与学习风格相关的内容，而是必须遵循所就读机构采用的特定标准。那时我们无法掌控，但现在我们可以做的是，认识到自己怎样学习效果最佳，这样就能优化学习方法。

你可以采用多种学习风格。这并非"非此即彼"的选择，而是要运用最适合你的那些风格，在某些情况下，你可以将它们结合起来，以便从众多不同的平台和模式中获得最佳效果。正如我们详细讨论过的，别在意别人对你学习过程的看法——这是为了你自己，为了你自身的利益。你也会开始明白，这是一个过程。

我强烈鼓励你真正开始享受学习带来的挑战并乐在其中，即便感到困难重重——说实话，这就是个人成长的乐趣所在。当你开始改变对实现突破性成长、明确人生方向的看法时，这也是一个提升自我和改善现状的绝佳机会，所以让我们欣然接受吧。

还要记住，在这条道路上会有诸多曲折——你会走进一些死胡同，也会犯一些"错误"。（但它们并非真正的"失败"，不是吗？这仅仅意味着你可能走在正确的道路上，只是需要做出调整。）目前，最重要的是专注于学习过程而非最终结果。这对我们很多人来说都不容易。在接下来的几个月里，要实现全新的"目标自我"，需要极大的热情和毅力。我只求你鞭策自己，专注于成长，但也请善待自己——这是一个持续的过程。你无须在明天就学会所有未知的东西——你可以慢慢来。

接下来，让我们探究对你而言最佳的学习方式。有趣的是，从上学起，你可能一生都在运用多种学习风格。你很可能已经形成了一种偏好的风格。当我开始更详细地了解这个领域时（没错，是通过学习了解的），我发现有多种方法和分类。一个易于理解的"切入点"是 VARK 模型，它确定了四种主要的学习者类型：视觉型（Visual）、听觉型（Auditory）、读写型（Reading/Writing）和动觉型（Kinaesthetic）。它有时也被称为 VAKT，即视觉型（Visual）、听觉型（Auditory）、动觉型（Kinaesthetic）和触觉型（Tactile），这一模型基于"模态"——人类表达的渠道，这些渠道由感知和记忆的组合构成。

> **现在，只做一件事**
>
> 在阅读本书的过程中，你会列出很多清单，而且不只是传统的待办事项清单。对我来说非常有效的一个方法是，把所有事项汇总在一处，而不是用多种方式记录"待办事项"。（这个方法极其简单，我得感谢安东尼·罗宾斯提出了这一想法！）试着别再用便利贴、记事本（或子弹笔记）和收件箱来记录事项，而是连续一周尝试使用同一种工具，比如印象笔

记、微软待办或 Todoist[一]（也有其他类似的整理应用程序可供选择），看看你是否感觉做事更有条理了。

视觉型学习

这或许是一个显而易见的起点，视觉型学习者喜欢亲眼看到事物，以此开始理解和学习一个新概念。视觉型学习者通常也更喜欢通过绘制图表和梳理观点之间的关系来理解新信息。要判断"你"是不是这种类型的，可以想想你对书面内容（比如书籍或杂志）的反应，以及对表格和图形（比如你看到的那些炫酷信息图）的反应。你喜欢看到各个要点之间的联系吗？如果是，那是有原因的！

视觉型学习者通常有两个"子渠道"——语言和空间。基于视觉-语言方式学习的人喜欢通过阅读书面语言来学习，所以他们倾向于阅读，并把任务写下来。然后，他们将此作为一种"记住"所写内容的机制——这些内容在大脑中得以固化，即便此后他们不再阅读这些内容。而更偏向视觉-空间的人在书面语言方面有些困难，通过使用图表、视频和其他视觉刺激材料能学得更好。

好的，这些都非常有趣，但你如何将其融入新的学习呢？

[一] 一种任务管理和待办事项应用程序。——译者注

我一如既往的建议是，保持简单，听从你的第一直觉。如果你知道自己喜欢阅读并记录笔记，那就这么做。如果你知道自己对诸如表格、插图、信息图或图形等视觉辅助工具反应良好，那就去寻找这些资源。谷歌（其他搜索引擎也可以）是获取这些资源的绝佳途径，你会惊讶于人们竟然愿意花费精力为你将内容整理成如此格式。

在这个成长阶段，你要尽量消除可能使你偏离正轨的潜在干扰因素，确保专注于消化内容并理解其含义。我还认为，尝试以视觉地图的形式"设想"你正在学习的主题很有用。

听觉型学习

听觉型学习者喜欢通过听来学习，这是他们偏好的学习风格。有趣的是，一些研究人员还认为，听觉型学习者更倾向于自言自语和大声朗读。他们在一些阅读和写作任务上可能也会有更多困难。想要应用这种风格并看看你是否偏好它，播客和有声读物的世界对你来说再合适不过了！你可能还会发现，比起手动记录，将内容录制下来然后回放，效果会更好。这是强调重点的一种有效技巧。大声说出信息可能有助于你记住要点，并且在接收信息时激发出新的思考。此外，在接收信息后，给自己留出足够的时间"让信息沉淀"并吸收内容。这将帮助你建立联系，并思考哪些可以应用到当前或未来的情况中。

> **现在，只做一件事**
>
> 作为切实可行的第一步，在你的智能手机上下载一款播客应用程序，然后开始下载不同主题和内容的节目——如果你更喜欢把学习资源集中在一处，也可以通过这种方式收听 YouTube 的内容（如果你更倾向于视觉型学习，还能观看视频和字幕）！（不过至少去探索一下播客商店，有些内容只有音频形式，而且那里有一些非常精彩的节目。）我还建议你每周都花点儿时间浏览这款应用程序，不断充实自己！
>
> 外界有太多精彩的播客节目了，真的令人难以置信。从盖伊·拉兹主持的讲述众多了不起的公司如何创立以及它们吸取的经验教训的节目《我是如何创立公司的》（*How I Built This*），到《成功的科学》（*The Science of Success*）系列节目，再到刘易斯·豪斯主持的《伟大的学校》（*The School of Greatness*），还有《美好生活项目》（*Good Life Project*）系列节目——外界有许多能带来奇妙启发的播客主播！

读写型学习

同样，这想必并不令人惊讶，偏好阅读和写作的人也喜欢通过阅读和写作学习！但是，取得进步的关键在于与文本互动，因为对于这类学习者来说，这比听声音或看图像更有效。在做笔记时，除了自由联想，我还鼓励你专注于标注要点——那些你将来可以用到的关键点。

延伸一下，如果你喜欢阅读并记录内容，那就继续保持，但同时也要挑战自己，开始为正在阅读的概念绘制"思维导图"，以便发现共性和模式。此外，在阅读时，可以记录下任何特别有用或有趣的内容，因为这本身就可以成为进一步研究的起点。

> **现在，只做一件事**
>
> 说到行动，你买下这本书就已经迈出了一步。（恭喜你！）但别停，再接再厉！你还在等什么呢？现在就再从亚马逊上买三本新书。记住，上床后，别碰智能手机，只看书！

动觉型学习

这是一种真正"动手实践"的学习类型！动觉型学习者真正受到"亲身体验"的激励，他们的学习风格也被视为体验式的。这类学习者通过实践来学习的效果最好。所以从这个意义上说，如果你正在尝试学习一项新技能，也许"动手去做"会让你获得提升并与要学习的内容或新事物建立联系。动觉型学习者喜欢触摸和移动，并且有两种子类型：动觉（运动）和触觉（触摸）。根据一些研究人员的说法，如果这类学习者没有得到外部刺激或运动的输入，他们往往会注意力不集中。有趣的是，即使在听讲座时，他们可能也觉得有必要做笔记，不过只是为了动动他们的手！

在阅读时，这类学习者也喜欢先浏览材料以获取"整体印象"，然后再聚焦于细节。他们通常还会使用诸如彩色荧光笔之类的工具，并通过将信息绘制为图、表格或涂鸦来做笔记。

我喜欢通过在阅读时播放音乐来尝试这种学习类型，不知为何，这似乎能给阅读带来一些动力！另外，请记住，要经常让大脑休息——我发现花些时间想象一下你正在进行的复杂任务或新学习内容很有用。一些研究人员还建议使用气味之类的刺激物，这可能有助于你记住某个主题。

在行动方面，我建议你自己尝试一下这些想法，去做一些新的尝试——比如使用荧光笔，尝试"动手做事情"，看看是否有效，等等。关键在于寻找机会积极挑战自己的学习风格：如果你通常更喜欢阅读和写作，那就去参加一个活动；如果你只喜欢听，那就尝试对你正在听的内容做笔记。

主动倾听

另一个关键的学习方式是培养更好的倾听技巧（毕竟，即使你是读写型学习者，你也还是得和人交流），虽然它本身并非一种学习类型，但这是一项值得培养的重要技能，因为它能让你从与导师以及你遇到的、在你希望成长的领域的专家的对话中收获更多。

主动倾听绝对是一种可以通过练习来获得和培养的技能。然而，要掌握它可能非常困难！这是一种通过学习来专注培养新技能的好方法，因为你从对话或正在收听/观看的音频/视频内容中提取的信息越多越好，对吧？然而，就像所有美好的事物一样，它需要时间和耐心来培养。那么，它是什么呢？它就是"主动"倾听的概念所讲的——完全专注于对方所说的话，而不仅仅是被动地"听到"说话者所表达的内容。我们应该有意识地努力去倾听并理解说话者传达的信息。关键还在于要让对方"看到"你在认真倾听，这种关注应该通过言语（比如"是的"甚至"嗯嗯"）和非言语（比如保持良好的眼神交流、点头、微笑等）反馈给说话者。这样做的附带效果是，接收到这种"反馈"的人通常会感到更自在，从而更开放、诚实地交流。不过，尽量不要用过多实质性的评论或话语打断，因为这可能会分散你们双方的注意力，并且可能会不必要地强调信息的某些部分。

现在，只做一件事

作为倾听者，当听到任何对话内容时，尽量保持中立，不妄加评判。不要过早对谈话走向形成自己的看法，因为归根结底，积极倾听需要耐心。谈话中出现停顿和短暂的沉默也是完全正常的，你们双方可能都需要这样的停顿，所以请不要觉得这很"尴尬"就急于插话。

感兴趣且主动倾听，还能让与你交流的人有空间去探索他们自己的想法和感受，这有望让你们双方都更享受交流过程——也会让交流更有成效！除了言语和非言语暗示，还要注意你的姿势。你可能会发现，当你作为倾听者更加专注时，坐着的时候身体会稍微向前或向一侧倾斜，或者头部会有这样的动作！另外，尝试"模仿"，反映说话者的举止和表情——这是专注倾听的一个好迹象。不过，不要刻意为之，因为你需要真诚。还有，请不要做任何不礼貌的事——不要看手机、时钟或手表，或者做任何表明你没有全身心投入对话的事！

如果对方是你经常与之交流的人，那么试着养成记住关于他们和对话的一些要点的习惯——理想情况下至少记住他们的名字。（显然这很重要，但我们常常做不到！）记住之前对话中的关键细节、想法和相关概念，真的有助于建立关系，这证明你之前在认真倾听，并且这次也很可能同样专注。

在对话过程中，你可能不想强行打断，但一定要提问。这有助于表明你一直在专注倾听。请求对方对所说内容进行解释，显示出你真正的兴趣，我认为这也有助于你的记忆。另一种可以尝试的方法是，通过重复或转述说话者对你说的话来反思你所听到的内容，以表明你理解了。在此基础上，总结——重复你认为说话者所说内容的要点——是一种有用的技巧，因为这能让你用自己的话复述内容（有望在你的脑海中留下更深刻的印象），并且通过有逻辑、有条理的方式梳理要点，也给了说话者一个必要时纠正的机会。

所以，这方面的行动要点是真正专注于你所进行的关键对话——（在心里）留意你的回应、举止和肢体语言。你会怎么做？当你走神并难以保持"积极倾听"的专注度时，在心里记下来。此时你身上发生了什么？是否有某些想法和感觉冒出来，让你无法专注于对方所说的话？

另外，当你与他人交谈时，如果发现对方没有完全投入，也要意识到这一点——也许你需要调整自己的肢体语言，使其更积极，以便让他们更深入地参与对话。

每日执行计划的步骤

其他人是如何突破的

开始做事的方法就是停止空谈，付诸行动。

——华特·迪士尼（Walt Disney）

对我来说很关键的一点在于，我了解到自己的学习风格竟然出奇地偏向"听觉型"。我开启这一领域学习的关键，是有意识地决定将我所听音乐的 50% 替换为通过播客和 YouTube 视频进行的听觉学习。我把学习当成了以前听背景音乐一样的日常行为。对我帮助很大的一件事是听 YouTube 视频——你现在可以在手机锁屏的情况下这么做，还可以把内容下载到手机上以备日后参考。

　　我还会一次计划好一周的学习内容，整理好并随时准备在有空的时候学习。听威豹乐队㊀的歌这种事情可以先等等！根据你认为自己可能偏好的学习风格，考虑采用以下步骤来实施我们在本章中讨论的一些内容，当然，不要觉得所有步骤都是必需的！如果你仍然不确定自己怎样学习效果最佳，那么你也可以尝试不同的方式，以找出你更喜欢的学习方式！详细步骤可参见表4-1。

表　4-1

步骤	要做的事	反思与进一步拓展
步骤1	寻找一些关于关键主题的、你感兴趣的视觉刺激内容，以帮助你将其应用于学习和个人成长之旅	订阅以获取来自网站、视频或在此次搜索过程中给你启发之人的定期推送内容
步骤2	在你的智能手机上下载一个播客应用程序，然后开始下载不同主题和内容的节目	确保每周都回顾一下你的清单，以便持续充实自己。如果清单里的内容提不起你的兴趣，那就找些新东西
步骤3	现在就从你最喜欢的书店购买三本新书——就现在	享受这个过程吧！记住，上床后就别碰手机了，只看书
步骤4	花些时间写下你对目前学习旅程的感悟：你感觉如何，遇到了什么难题，又有哪些探索让你乐在其中	回顾一下自己学到了多少东西，有没有因自己学习了这么多知识而感到惊喜呢
步骤5	试着真正专注于你正在进行的重要对话，格外留意自己倾听时有多投入	反思一下自己的思绪飘向了何处。为什么有时会走神呢——是焦虑、不感兴趣，还是被吓住了，下次你会做出哪些改变呢

　㊀　Def Leppard，一个乐队。——译者注

我个人是如何突破这一困境的

说来有趣。我是个超级音乐迷,以前只要有机会,我就会戴上耳机,沉浸在音乐中放空自己。现在我依旧常常这样,但对我来说,获取新知识的关键在于,把以往单纯听音乐的时间用来学习。比如,在使用椭圆机锻炼时,我不再播放嘻哈音乐,而是逐渐强迫自己换成播客、关于励志人物的YouTube视频,或是有声书。在乘坐公共交通,或是等车的时候,我不再翻阅日报,而是会在手头拿一本书来学习。这种做法让我得以把每一天都当作学习经历,希望你也能如此。真的,不妨试试,你会惊讶地发现,这对于你培养新的优势和能力有多大帮助。

第五章 E 能量来源

其他人是如何突破的

> 人格的完美境界在于：把每一天都当作生命的最后一天去过，既不狂躁，也不冷漠，更不虚伪。
>
> ——马可·奥勒留（Marcus Aurelius）

在我们深入探讨如何运用我的"简易"公式设定一些具有挑战性但如今切实可行的目标之前，我们需要明确，如何从他人那里和生活经历中发现并积极利用正面的"能量来源"，以及（至关重要的是）学会如何避免生活中的负面影响，来为你已开启的事业寻求助力，使其更上一层楼。本章将直面平衡家庭、朋友、锻炼、睡眠与成功之间关系的难题，并助你判断把精力放在何处才最为合理。

> **你可能在想……**
> **你说:**"我原以为你无法兼得一切呢。"
> **我说:**"不要满足于五项中占三项,甚至五项中占四项。你需要平衡,你需要合适的朋友、良好的家庭氛围、适当的锻炼、充足的睡眠,还要关注自我。你得重视自己。"

平衡精力分配重点

生活哪怕在最顺遂的时候也相当复杂。处理好家庭、朋友、锻炼和睡眠等生活方面的事务,是职业生活取得成功的关键。很明显,处理好这些方面的事务能让你精力充沛,但说实话,它们也会给你带来诸多额外压力。所以,在你为实现那些能助你成为"目标自我"的目标而度过接下来的日日夜夜、岁岁年年时,我建议你现在就开始有意识地决定这段时期自己想把精力放在何处。

你可能在想——管它呢,我跳过这一章吧。很简单,对吧?你会像平常一样应付好所有事情,对吧?其实也没那么容易,难道不是吗?事实上,这往往是我们不知不觉偏离正轨的一个隐秘原因。

关于公司创始人、企业领导者和高绩效人士如何应对平衡工作与生活的挑战,人们已经耗费了大量笔墨(和流量)去探讨。日常生活给你带来的压力如此之大,以至于许多创业专家

（或者至少是那些自认为是专家的人）都广泛提及，他们觉得要把每件事都做好基本上是不可能的。

事实上，像兰迪·扎克伯格（Randi Zuckerberg，企业家，曾任脸书市场开发总监，没错，她是马克·扎克伯格的姐姐）等人就谈到了"创业者的困境"，并强烈建议任何人（当然也包括你）若想创建一家成功的公司，就必须在朋友、家庭、锻炼和睡眠这几项中只专注于其中三项。

公平地说，兰迪·扎克伯格在总结中试图传达创业生活方式所面临的挑战和权衡取舍。她是这样阐述这些选项的：

（1）维系友谊。

（2）陪伴家人。

（3）保持健康。

（4）保证睡眠。

（5）打造一家伟大的公司。

兰迪建议你必须只选其中三项，然后基本上"忘掉其余的"，这样才能真正取得进步。我完全理解这里的思路（少即是多，真正专注）——这也是我们在本书中一直详细探讨的内容。

不过，你是不是已经开始感到紧张？说实话，就绝大多数人而言，我是完全不同意这种观点的！我一点儿都不认同。我真心认为，要成为一个快乐、全面且成功的人，平衡好所有这些方面至关重要，而不是排除其中任何一项。我完全理解她试图表达的原则——关于专注、关于牺牲，这完全可以理解。然而，我认为，缺少上述五项中的任何一项，人生的潜力都会受到限制。

在此基础上，我还想把"独处时间"也加进来，但这需要有准备、坚定的意志和持续的规划。

在这种情况下，我觉得有一点很有用，那就是你确实需要有意识地决定把精力集中在何处，或者你需要决定（就像我做的那样）是否反其道而行之，专注于所有这五件事。如果你内心觉得自己哪一项都割舍不下，那么我主张你需要开始培养新的行为方式来兼顾它们。

我相信通过这种方式，它们能够共同让你真正充满活力，你可以借助它们来帮助自己开始履行在最终愿景中对自己做出的承诺。我假定你的许多"目标自我"的个人愿景都与商业目标相关，所以我在这里就不讨论是否需要"专注"于你的事业，或者你在新的一年里想在个人生活中实现什么。对我来说，这是不言而喻的——而且我们已经认同你将在白天（或夜晚）采用一种新的日常安排来完成各种事情。后面的章节会帮助你进一步强化这一点。

你还需要决定在不追求这些目标的时候，想把精力放在何处。不过，在我们探讨不同的选择和机会之前，无论你选择哪条道路,都有几个关键点需要牢记。你得保持灵活性。灵活性是适应各种情况的关键,这样当事情没有完全按照你预期或计划的方式发展时,你就不会做出过激反应,或者心烦意乱。另外,要留意自己的自信心——对你正在努力做的事情充满信心,相信事情会有好的结果,并且如果我们在这里讨论的任何事情动摇了你的信心,你都要做好不为所动的准备。我们已经谈到了保持愉悦和积极的重要性,但除了专注于传递这种态度,在你所有的活动中,也要努力展现出充沛的精力和活力。

培育友情能量

其他人是如何突破的

　　只与能让你更上一层楼的人在一起。

　　　　　　　　　　　　——奥普拉·温弗瑞(Oprah Winfrey)

　　找到一群能挑战你、激励你的人,多花时间和他们相处,这会改变你的人生。

　　　　　　　　　　　　——艾米·波勒(Amy Poehler)

　　友情是很奇妙的,不是吗?它们在生活中来来去去。有时,人和事会渐行渐远,有时则会更突然、更让人难受。在闲暇时间与什么样的人交往,这一话题是许多播客和热衷于传道的创业者长篇大论的主题。其中很大一部分涉及让你的身边围绕着那些能为你的生活和"目标自我"的个人愿景增添助力的人。吉姆·罗恩（Jim Rohn）说，你是"与你相处时间最多的五个人的平均值"——这想法真的很有趣。你真的有这种感觉吗？这里另一个有趣的讨论点是，你在多大程度上一开始就以朋友为参照来衡量自己。说实话，我觉得我们确实会这样做。我们可能不会以评判的方式去做，但我认为关注生活中那些往往最物质的方面，比如汽车、房子、工作等，是很自然的。这有很多显而易见的利弊——值得思考一下为什么你会觉得自己缺少什么或者你"比他们强"在哪里，但对我来说，更有趣的做法与本章的主题——能量有关。我想我们并没有像关注朋友拥有什么那样，经常去思考他们的能量。为什么会这样呢？

根据一些创业大师的说法，要成长为你期望成为的成功人士，前提是要与从商业角度看你渴望成为的人交往。

对我来说，我只想让你思考一下那些你最常见面的朋友——就拿我们之前提到的前五个人来说。我认为关键是要思考他们能给予你哪些积极方面的影响。你觉得他们不把你当回事吗？你愿意和他们分享你的艰难困苦吗？你觉得当你谈论自己时，他们不会只是等着找机会谈论他们自己吗？

在接下来的一年里，交谈对你的成长过程至关重要——交谈并分享。那些老套的说法往往有其道理——你知道"把问题说出来……"之类的话。但是，在这个过程中有能帮助你、倾听你的人，会带来多么大的不同啊。

在接下来的章节中，我们会讨论如何应对你脑海中负面的"杂念"，但如果你能正确地利用朋友，他们会帮助你在脑海中强化积极的行动。当然，这需要一些信任，也需要一些规划。

> **现在，只做一件事**
>
> 你需要主动选择自己的朋友圈，这是为数不多的你"能够"掌控的事情之一。切实反思一下，你是否得到了自己想要的，以及所得是否与付出对等。

我现在真的有一个朋友名单（是的，你知道我喜欢列清单），我会确保定期与名单上的朋友联系。我并没有非常正式地安排时间，但我会在坐飞机或坐火车这样不太方便做大量工作的时候，时不时地查看一下。然后我会用 WhatsApp[⊖] 这样的应用程序发一堆消息——问候一下并提议尽快聚一聚。当然，我还有其他不太常见面的朋友和熟人，我偶尔也会对他们做同样的事。

如果你决定结束一段不太积极的友谊，尽量不要把关系搞僵，但要确保做你认为正确的事。当然，说起来容易做起来难。要友善、体贴，但也要坚定。试着慢慢减少你以前和他们一起做的事情——无论是面对面的活动，还是回复手机消息。试着

⊖ 一种聊天软件，类似微信。——译者注

少见面，少回复，然后在这个过程中重新评估你的感受。

培育家庭能量

家庭这个话题无论何时都很有分量：我可以用整本书来探讨它所代表的心理复杂性。我只想说，就像分析你的朋友一样，选择何时、何地以及和谁一起消耗你的精力。

> **现在，只做一件事**
>
> 这里相关的一点是，当你和家人在一起时，就要全身心陪伴家人。不要盯着智能手机查看信息。只要有机会，就试着和他们一起做些与电子设备无关的事——别总是看电影，不妨去散散步，去公园逛逛。你要实实在在地花时间和他们交流互动，而不只是心不在焉地敷衍。

我知道你的时间表很满，但我真心鼓励你更积极地（至少比周六早上醒来然后说"我们今天做什么？"更积极一些）考虑在家庭时间里打算做什么。我们都需要一些无所事事的日子，但也要确保有一些能做很多事的日子！计划去景点，逛一直想去的公园，去参加特别活动，看电影——总有事情可做。你只需要像安排生活中的其他事情一样，把它规划进去。这也将为你主动规划"目标自我"的个人愿景的实现提供空间。

培育锻炼能量

哇！哇！哇！锻炼真的会带来很大的不同！在我整个成年生活中，我一直在与腹部和臀部的那二十磅⊖赘肉斗争。有时我能取胜，而且很奇怪的是——当我注意饮食和多做些运动时，我在生活的许多其他方面也开始取得进展。在你的生活中有很多锻炼的机会。YouTube 上的视频非常棒，所以如果你觉得去健身房或参加健身训练营不太自在，现在比以往任何时候都更有可能在家锻炼。

> **现在，只做一件事**
>
> 无论你喜欢散步、跑步还是使用壶铃锻炼，我都强烈建议你利用锻炼时间听那些积攒下来的播客，而不是总听那些老掉牙的音乐。还可以在热身准备和放松拉伸的时候听——这是一段很长的时间，能切实运用我们在第四章探讨过的一些学习新知识的方法。

像本书中的很多内容一样，思考一下，作为日常安排的一部分，什么最有效，然后把它融入日常生活，这样你就能做到锻炼——而不是找借口拖延或推迟，逃避完成锻炼！

⊖ 1 磅 ≈0.453 千克。——译者注

培育睡眠能量

令人惊讶的是，睡眠对我们的生活绝对至关重要，但我们对它的关注却相对较少，也很少"规划"睡眠。解决这个问题可能会给你带来彻底的改变。

一些作家谈到了规律睡眠的重要性。我知道有一段时间很流行"我每晚只需要睡四个小时就能保持高效"这种观点。其他作家则建议设定一个固定的上床睡觉时间和起床时间（当然要合理，你有时也得放松一下）。正如我们之前讨论的，这可能有助于让一天有一个规律的开始。

这里所谓"培育"睡眠的关键就在于——把睡眠当作你需要去做的事，而不只是顺其自然地去做。你是个夜猫子吗？如果是，那么是否可以考虑晚上多做些有助于实现目标的事，这样第二天早上就能晚起一会儿？如果（像我一样）你喜欢早睡，你能不能更早一点儿上床睡觉，然后早一点儿起床，开始按照你的行动计划工作呢？

这可能是讨论那个令人头疼的"闹钟的贪睡按钮"问题的最佳时机。很明显，很多激励者都强调早上"不要按闹钟的贪睡按钮"。说实话，我在这个问题上反复纠结过，但我发现，把应对这个问题作为规律睡眠习惯的一部分来制定策略是很有效的。不管怎么说，我还发现，如果你获得了足够的睡眠，"贪睡按钮"就无关紧要了——如果你休息得足够好，就会觉得不按它也没那么难。

> **现在，只做一件事**
>
> 开始将睡眠视为每天需要规划并落实的最重要事项之一。别再追剧追到睡着，也别没完没了地在手机上刷社交媒体或工作邮件。智能手机发出的"蓝光"会干扰你的睡眠——别担心，明天早上这些东西还在。相反，想想为了迎接明天，你需要多少睡眠时间。

如果你发现很难改掉按贪睡按钮的习惯，可以试试梅尔·罗宾斯（Mel Robbins）的五秒法则技巧（见第七章），或者试着把手机放在卧室里一个你必须起身才能关掉闹钟的地方——这样至少你就起床了！到那时再回去睡觉就更难了，而且如果你有可能吵醒你的伴侣，那么你就更有动力赶紧去把闹钟关掉！

最主要的是要有条理地规划你的睡眠并执行你的规划。不要让其听天由命了！

培育独处时间

这一点还需要我给你详细解释吗？在我们这个疯狂的世界里，我们实际上很少为自己做任何事，这是不是很不可思议？

在某种程度上，整本书都在讲如何培养"你自己"，但我觉得在你阅读的时候，让你思考一下这个具体的要点也没什么坏处。我认为其中一个关键要素是善待自己。随便你怎么称呼它——自我时间、放松时间、特殊时间，你需要这样的时间。我觉得你在这里可能犯的最大错误就是试图充当英雄，把其他所有事情都置于这一点之上优先考虑，结果永远都没时间留给自己。你应该像对待规划和优先安排新生活中的其他所有事情一样，来认真对待并安排自己的时间。

这段时间可能有很多不同的形式——从在酒店住一晚来厘清思绪，到也许预约一段时间，找个人来帮助解决或处理你一直拖延的事情，比如找物理治疗师、整骨师、按摩治疗师，或者去看医生。

有时候，无论我做了什么来放松、寻求支持或放空自己，还是会有一些情绪挥之不去——某种我无法摆脱的消极情绪。希望你会发现，随着时间的推移，当你更加专注于推进任务和取得成就时，这些情绪会逐渐减少。但我们都是人，所以它们时不时还是会冒出来。

心理健康很重要。你需要明白这一点，有一个好方法是找到一些技巧，迫使自己意识到你自我毁灭的模式。有时候你无法阻止自己有点儿失控，但你也不想完全自我毁灭。

每日执行计划的步骤

我发现积极思考本章中的这些事情是一件很奇怪的事。我以前从来没有坐下来思考过我把精力放在了哪里,以及是否应该考虑对精力分配进行优先级排序。对我来说,另一个重要的收获是我意识到,我常常在做与我想做的事情相反的事——我试图取悦其他人,唯独没有取悦自己,因此当与人交往时,也没有获得高质量的互动。

所以,我鼓励你看看以下内容,希望你现在已经做过这些事了,具体步骤参见表5-1。

表 5-1

步骤	要做的事	反思与进一步拓展
步骤1	在平衡能量来源方面,你觉得自己的重点应该放在何处	你是否察觉到有哪些关注重点是你无法支持的
步骤2	认真思考一下你的友情,看看它们能给你带来多少积极能量,又在多大程度上支持着你的目标	尽可能确保你只和那些能激励你、给你动力的人共度时光
步骤3	优先安排家庭时光,尤其是和你喜欢的家人在一起	只要有可能,尽量确保你与那些能给你带来积极能量的家庭成员相处的时间足够多
步骤4	锻炼至关重要——安排好每周进行3～5次锻炼	每周切实进行3～5次某种形式的锻炼
步骤5	规划睡眠时间并执行	不听之任之
步骤6	留出自我时间	一定要有自我时间

我个人是如何突破这一困境的

我很幸运,在生活中将许多个人友谊都升华到了挚友层面,这些人总是支持我做出重大改变。但这一切,是在我极度关注他人对我的影响后,才得以实现的。在此,我强烈建议你安排出家庭时间(如果你没有直系亲属,那就和亲密朋友聚聚),并且在和他们在一起时把手机关掉。我无以言表这样做会带来多大的改变,所以请务必一试。你还会发现,这能让你更轻松地专注于实现"目标自我"的个人愿景。

如果你觉得这些方面已经做得很好了,那就预约时间,找个人帮你解决一直拖延未做的事——比如去看物理治疗师、整骨师、按摩师,或者去看医生——今天就行动起来。

第六章 年度目标

其他人是如何突破的

> 局限只存在于我们的脑海中。但如果发挥想象力,我们将拥有无限可能。
>
> ——杰米·佩奥里内蒂(Jamie Paolinetti)

是时候为下一年设定一些目标了。为什么只是下一年呢?对我而言,专注于一段我们能够积极掌控所发生之事的较短的时期至关重要。我们需要用未来的"目标自我"来指导当下的选择,但我们应聚焦于切实能够达成的进步,而非那些太过高远、以至于马上就会失败的目标。

本章将运用我自创的"SIMPLE"(简易)框架,以确保你能设定出架构合理、可衡量且独具投资回报价值的有效目标。所以，此刻，让我们回到"志存高远"的愿景上，但要精准聚焦于下一年想要实现的目标。

> **你可能在想……**
> **你说：**"我知道自己需要改变，我能预见未来，但我不知道该如何起步。"
> **我说：**"集中精力，在迈向未来的征程中先完成初始阶段的进步，如此或许你会觉得目标更可实现！"

SIMPLE 的六个字母分别代表范围（Scope）、影响（Impact）、资金（Money）、进展（Progress）、学习（Learn）、结束（End），很简单，对吧？我们深入探讨一下。

> **现在，只做一件事**
>
> 别想得太复杂。把这些想法写下来（或者说出来，甚至喊出来）。有些人喜欢把这当作我们在第二章（回顾过去时）提到的"未来"时间线的更详细版本来做。

你可以按照自己觉得合理的时间范围来规划，但我建议目前在应用我的 SIMPLE 框架时，着眼于未来一年。即便在最好的情况下，这个世界也是变幻莫测的，而且变化的速度呈指数级增长。你可能已经发现，有时候"生活总会横生枝节"，而且你也无法预测重大的人生事件，所以我不想让我们陷入过于长远的规划之中。但我确实希望通过设定长期的志向，来拓展你对未来某个时间点——也就是你的愿景的想象，这样，随着今年目标的逐步完成，我们就能再次着手规划明年的具体步骤。

> **现在，只做一件事**
>
> 稍微畅想一下未来——你会庆祝自己取得什么成就呢？你们当中有些人可能已经有了一系列想要达成的目标，而有些人可能从未想过这个问题！这两种情况都没关系——我们将通过这一章使目标更有条理，希望这样能让目标更易于实现。

创建新的年终状态

从现在起一年后，你希望身处何方，成为什么样的人，拥有怎样的生活？为了实现你所设想的状态，我们将通过一个过程为你制定一个简单的"年终状态"，以此形成一些目标，供你在今年的大部分时间去努力实现。

其他人是如何突破的

如果你正在从事自己真正关心且激动人心的事情，你无须外力推动。愿景自会牵引你前行。

——史蒂夫·乔布斯（Steve Jobs）

在继续之前，这里有几点需要提醒，这可能使我个人的方法与你所知道或听说过的其他方法有所不同。我真心希望你秉持雄心壮志，但我也希望你关注善待自己以及他人——在我看来，这两点对于大多数普通人保持持续的动力而言必不可少。

让我们开始思考如何在未来一年里取得进步。你要将其视为一个多层次的工作计划，它会推动你在自己认为最重要的领域取得进展。

> **现在，只做一件事**
>
> 在许多商业方法中，公司开展的项目通常是为了满足战略需求，然后通过有管理的"项目规划"来实现"收益"。在商业领域，这将涉及多个项目、工作流程和活动的组合，以实现所需的变革和成果，从而获得收益。你和公司并无不同。在未来一年实现自己的目标也是如此。你需要结合多种不同类型的活动，才能取得真正的进步。

所以，开始思考一年后你希望达到的状态——你计划开展哪些活动。还记得你在"目标自我"的未来展望练习中做的笔记吗？我们就从那里开始。现在，详细写下仅在一年时间内你希望发生的变化的总结（不要再展望更遥远的未来）。尽量加入具体事项（我们很快会详细探讨这些），但也要注入情感——如果你为某件事感到骄傲，那就大胆写下这份骄傲！

现在，只做一件事

以下是一个你可能会写下的关于一年中所取得成就的总结示例（一如既往，不要自我设限）：

"到2021年年底，情况真的发生了很大变化。我曾经对自己的债务状况不满意，对未来的职业前景也缺乏信心。但经过12个月，对我来说许多事情都变好了。我很自豪自己稳定了财务状况，将总债务减少了50%。今年我开启了学习计划，读了20多本书，并开始学习一门新的市场营销课程，希望在这个领域获得资质认证。我在工作中也努力争取晋升，负责了一个需要承担额外责任的项目，以展现我的投入，同时可以运用我所学的知识。6个月来，我几乎每天都去健身房。我对2022年充满期待，满怀希望。"

你现在所做的，是朝着成为"未来的你"迈出的第一步，但我建议你要精准聚焦于眼前的事务。让我们致力于完成今年年底前需要完成的事项。你不太可能一下子实现所有愿望，所以我们通过一系列小步骤来实现，找出能助力你达成目标的最佳任务。要实现你期望达成的目标，必须始终与你的"目标自我"的个人愿景相一致——现在你应全身心专注于实现愿景需要你做的事情。没错，生活中总会有各种状况，而你会应对自如——这关乎大大小小的改变，它们将塑造全新的你和你的生活。

细化目标（SIMPLE 框架）

希望这部分有助于你生动地了解如何制定目标。但首先，让我们思考一下这些目标是否足够好。有许多方法可以用来判断，其中最受欢迎的一种是 SMART 原则。SMART 原则旨在确保任何目标都结构合理且可衡量。SMART 代表具体（Specific）、可衡量（Measurable）、可实现（Attainable）、现实（Realistic）和有时限（Timebound）。SMART 原则的这些要点非常有用，能激发你的一些思考——我刚开始接触时的主要想法是，哇，我在个人生活中从未考虑过这样的目标！

我真的很喜欢 SMART 原则，但我也觉得它缺少一些任务迭代和"分块"的元素，而且在财务方面缺乏一定的现实考量——以我的经验，这是很多事情无法完成的主要原因。

所以，下面是我提出的另一种方法——用于写下并构建年终状态愿景目标的 SIMPLE 框架——看看，你觉得这个方法怎么样！

"S" 代表范围：你想要达成什么目标

你想要达成什么目标？现在，再问问自己——你真正想要达成什么，具体是什么，以及你希望在何时达成？正如其字面意思——描述你在特定领域想要做的事情的"范围"，就你想要达成的目标以及达成后的成果而言，要尽可能具体。目前不必过于担心"如何"去做——"P"（进展）部分会帮你分解步骤。

实现"目标自我"的个人愿景以及未来一年目标中所涉及的这些目标，可大可小——只要对你有意义就行，只要总体上它们能使现状发生显著改变就行。迈向这一首个重要里程碑的过程会给你信心，但要确保目标现实可行——你不能指望百万分之一的机会成真。这也是我认为实现长期进步的关键在于从"今年"开始的部分原因——让我们完成一些重要的事情，为未来的自我愿景奠定基础。最主要的是问问自己："一年后我再次审视时，希望自己处于什么状态？"

对于每个目标，可实现性是关键。保持目标简单，但要有进步性。在未来一年，你无须突然变得完美——你只需要做出足够的改变，实现你的"目标自我"的个人愿景。

"I"代表影响：实现这个目标将如何改善你的生活

写下将会发生的改变、你认为会获得的益处、你将看到的积极变化，以及你如何知道自己达成了目标。一个可衡量的目标需要既具体又有"成果"——一个表明目标已完成的标志。对我来说，关键是将一种感受与之关联——当然要量化它，但也要说明它对你的影响。例如，"无债一身轻"这个目标可以这样描述："无债意味着我现在可以把原本用于偿债的钱存起来，为未来做准备。这让我对退休生活更有信心。"

以一种具有累加性、积极且能创造价值的方式描述你的目标。这可能意味着为你自己和他人的生活增添价值（我强烈建议尽早开始这样做）。即使是那些包含不太愉快内容的建议，比如"停止消费"（这绝非易事），也是为了产生积极的结果——你看待事物的方式发生了改变，同时你为了实现梦想采取了行动。

"M"代表资金：你将如何负担实现目标的费用

很多人认为金钱是个忌讳的词或概念，或者恰恰相反，认为它是万能的。对我来说，它是一种必要的工具——我得补充一句，金钱并非洪水猛兽。在合适的人手中，它能帮你做任何你需要做的事。并非你所有的目标都需要资金支持，但以我的经验，很多目标确实需要。因为你知道获得某个关键领域的资质认证将有助于实现下一个职业目标，所以你决定去考取该资质，这就是一个很好的例子。你需要钱来实现这个目标，这意味着在设定目标时要做好预算和规划，不回避这个问题，不假装这不是现实，这种明确性有望让你开始专注于你需要做的事情。它也应该帮助你平衡你的目标——例如，如果你的主要目标是"还清债务"，那么在培训课程上花钱可能会阻碍这个目标的实现。你可以两者兼顾，但你需要现实地考虑如何去做。

"P"代表进展：你将做些什么来知晓自己离完成目标更近一步

衡量进展是让你感觉自己有所成就的关键。在每个阶段的活动中，你可以执行哪些任务来跟踪进展？你可以将每个目标分解为一系列实际的行动步骤——这将使你能够迈出一小步，有助于减轻立即实现大目标所带来的压力。同样，目前不必担心这些步骤的"大小"——只需尝试将看似庞大的事情分解为更小、更易于处理的部分。例如，如果你正在写一本书，试着承诺一年中每天写 500 字——很快你就会有足够的内容编辑成你的杰作。

"L"代表学习：为了实现这个目标，你需要知道什么

在后面的章节中，我们会深入探讨学习的必要性。我真心鼓励你在设定任何与"目标自我"的个人愿景相符的新目标时，欣然接受学习的理念。即使你在某方面是专家，也总有更多可以提升技能的空间。如果你对某件事一无所知，但觉得它（例如，寻求债务管理、储蓄或财务规划方面的指导）对实现"目标自我"的个人愿景至关重要，那么立即确定为了实现目标你需要改进的领域。这可能还包括学习如何更加放松、开放和与人建立联系——因为获得这些特质同样需要大量的学习和实践。郑重声明，如果你内心有任何害怕寻求帮助的想法，那就把克服这种恐惧本身设为一个目标。

"E"代表结束：这个目标何时完成

即便你严格遵循我的建议，完成目标也并非易事。然而，我们越是从合理量化和具体、结构化的目标的角度去思考，就

越好。想想目标完成时会是什么样子，你将如何逐步分解并实现它，以及你希望在何时完成。

这里的关键是要考虑你设定的目标在你给自己设定的时间内是否可以实现。它们是否可控、可操作？例如，设定"开始学习一门市场营销课程"的目标，比"完成一门市场营销课程"更可取，因为在规定时间内完成课程可能不太现实。真的要尽量只写下在你所拥有的时间内能够做到的事情！

表 6-1 是 SIMPLE 框架的一个示例。

表 6-1

目标序号	S 范围	I 影响	M 资金	P 进展	L 学习	E 结束
	这个目标究竟是什么，当你实现它的时候，又会是怎样的情形呢	这将如何让你的生活变得更美好	想法很棒，但这要花多少钱呢	为了跟踪进度，在每个活动阶段你能执行哪些任务	要完成这件事，你还需要哪些其他技能	你何时会知道目标已达成，以及应在何时达成
1						
2						
3						
4						
5						

好的，你已经有了"目标自我"的个人愿景，现在让我们开始将其分解为更细致的细节。以前面展示的示例陈述为例，你可能会像下面这样写。

（1）我很自豪自己稳定了财务状况，将总债务减少了50%。

到今年年底/本月底/本周末，我要将信用卡欠款从10 000英镑降至5000英镑以下。为实现这一目标，我将：

- 剪掉信用卡。
- 每月设置400英镑的自动扣款。

（2）今年我开启了学习计划，读了20多本书。

到20××年年底，为实现这一目标，我将：

- 每月制定20英镑的预算用于买书（每本10英镑）。
- 每天少喝一杯咖啡，每月节省20英镑。
- 研究我感兴趣领域（市场营销）的一些书籍，并从导师推荐给我的三本书开始入手购买。
- 不再把手机带上床。
- 确保比平时提前一小时上床睡觉。
- 我将开始一门新课程，以获得我所在领域的资质认证。

（3）我需要为课程制定预算。

- 我将通过申请年利率支付计划来使其更经济实惠。

- 我需要调查工作地点／家附近的选择。
- 我需要考虑最适合的日期／时间段，以确保能够持续学习。
- 我今年要尽快开始这门课程，最迟在 9 月开始。

（4）我在工作中也努力争取晋升。

为实现这一目标，我将：

- 与直属经理／人力资源支持人员安排一次会议，讨论我的职业发展。
- 在会议前，研究公司内我可能承担的一些额外职责。
- 确保会议行动事项记录在案并达成一致。
- 每季度商定一次跟进措施以评估进展。

（5）我将负责一个需要承担额外责任的项目，以展现我的投入，同时可以运用我所学的知识。

通过学习，我将：

- 确定一个关键的单一成长领域，以提升我的技能和知识水平。
- 观看 10 个关于该主题的 YouTube 视频。
- 每月至少与导师讨论一次，以在该主题上取得进展。

（6）6个月来，我几乎每天都去健身房。

- 我会去几家健身房体验一下，包括我家附近和工作地点附近的，以确定最适合我的。
- 我承诺每周至少去健身房四次。

（7）我结交了一些令人兴奋的新朋友。

- 我督促自己参加一些社交活动以结识新朋友。
- 我花更多时间与我喜欢但之前未关注的熟人相处。
- 我识别出那些不能给我带来积极影响的朋友，并减少与他们的往来或不再往来。

（8）我对2021年充满期待，满怀希望。

我清楚2021年需要呈现的样子，并记录下了我的新目标。

让我们看看表6-2，看看如果把前面提到的其中一个目标放入SIMPLE框架会是什么样的。

构建你的"目标自我"的个人愿景时，不必过度担忧实现目标过程中"有威胁"的地方——在后续的内容中，我们将开发一些其他工具来应对这方面的问题。在后面的章节中，我们将考虑与一系列利益相关者合作，共同应对可能充满挑战的旅程，这可能涉及态度、行为和工作方式等方面的改变。我们还将探讨在过程中是否需要更新你的目标。

表 6-2

目标序号	S 范围	I 影响	M 资金	P 进展	L 学习	E 结束
	这个目标究竟是什么，当你实现它的时候，又会是怎样的情形呢	这将如何让你的生活变得更美好	想法很棒，但这要花多少钱呢	为了跟踪进度，在每个活动阶段你能执行哪些任务	要完成这件事，你还需要哪些其他技能	你何时会知道目标已达成，以及应在何时达成
1	我很自豪自己稳定了财务状况，现在正以更快的速度偿还个人债务	我已将总债务减少了50%（从10 000英镑减至5000英镑以下）	5000英镑	● 剪掉信用卡 ● 每月设置400英镑的自动扣款	更高水平的Excel技能（例如能够计算公式）	我的债务降至5000英镑以下时
2						
3						
4						
5						

在长时间的拖延之后（所以如果你也有这种本能，别觉得难过——但请一定要克服它），我真的尝试了本章中我所建议的所有事情，而且我发现它们都极其困难。我意识到，主要问题是，我花了太多时间担心别人的需求，却从未专注于给自己时间去弄清楚我自己需要什么。我总是在思考，计划，想出新点子、新方案，做新的事情，但我从未停下来反思"为什么"以及"要去哪里"，而且我很少思考在一年的时间里我能做些什么。一旦我开始思考这些，我就取得了巨大的进步——你也会的。

每日执行计划的步骤

我深知本书中的很多建议（希望是温和的）在促使你不断提出新的目标和面对需要关注的领域。我知道，如果你以前从未这样做过，这会很难——从未考虑过想把精力放在哪里，更不用说区分优先级了！以"少即是多"的坚定态度回顾以下步骤，确保你对自己能够实现目标感到安心，但同样要确保这些目标能促使你朝着自己期望的方向前进（见表 6-3）。

表 6-3

步骤	要做的事	反思与进一步拓展
步骤 1	找些时间和空间，好好想想明年这个时候你想要达成什么目标	写下一个"年终愿景"，描述你希望在一年后谈及自己时是怎样的状态
步骤 2	列出一份清单，写下你希望在明年年底前"完成"的 4~8 件具体事项	尽可能详细地说明你想要做的事情
步骤 3	回顾这份清单，确保你的目标符合 SIMPLE 框架的所有要素	你是否真的对想做的事进行了量化——够具体吗？你确定自己清楚完成的标准吗
步骤 4	思考一下你的目标是否过多	如果你写下了很多目标，那就审视一遍，确保它们切实可行。我很欣赏这份热情，真的，但就目前而言，考虑先完成较少的一部分目标。要是你真的超额完成了，下次再尝试更多目标
步骤 5	确定你的优先事项是什么	你有这么多目标固然很好，但要确保自己能分清主次——记住，生活中总会发生各种事情，阻碍目标的实现。尽量去完成所有目标，但要清楚哪些是最重要的

我个人是如何突破这一困境的

你需要一份自己想做之事的清单。你可能不想像我一样详细到具体细节，但你确实需要一份清单，它必须存在。说实话，我于 2017 年 12 月 26 日在我可爱的岳父母家喝着美酒时，列出了我的第一份 2018 年计划。那只是一份简单的清单，罗列了我 2018 年想要努力达成的事情。

所以，基于你对未来自己的设想，现在问问自己："一年后我希望自己处于什么状态？"

列个清单，这样你就能不断提醒自己什么是优先事项——一个正向的关注点和结果。试着享受这个挑战——不要害怕它，而是努力去做，看看你能取得什么成果。

第七章 干扰因素

本章着重于消除或减少我所说的"干扰因素"——从那些阻碍你在某事上取得进展的分心事物，到日常生活中真正带来烦恼的源头，不一而足。我们将探讨一些简单的应对方法，并在可能的情况下消除这些干扰因素，这样它们就不会妨碍你实现目标了。

与此相关，我们还将探讨日常生活中缺乏准备的问题，这对我们大多数人来说是造成压力的一个重要因素。我们将尝试使用一些日常生活中的实际例子，我还将建议使用一些新的工具和技巧来消除那些关键的压力时刻，让你能够专注于不断增强的成就感。

了解你的阻碍因素

我明白，在你因为制定了今年的目标以及"目标自我"的个人愿景而充满干劲时，就立刻深入探讨阻碍、问题和障碍，这似乎有点儿反直觉。但这并不是为了削弱你的动力，我只是认为我们需要直面那些可能会阻碍你的因素——真正搞清楚那些可能会让你偏离正轨的东西，这样你才能了解它们、预料到它们，并制定出应对策略。否则，你猜会怎么样？你可能会开始做某件事，但却偏离了正轨，甚至可能会放弃，而我们并不希望你放弃追求"目标自我"。好消息是，通过处理这些所谓的"阻碍因素"，你会取得更好的进展，因为问题和困难会逐步得到解决。让我们开始吧！

我真心鼓励你提高对"阻碍因素"的敏锐度，因为这些因素无处不在——经济方面的、情感方面的、个人方面的。识别出那些阻碍你的事物（在你脑海中造成"被困住"感觉的事物），并回顾和反思它们在任何时候对你产生的影响，这是每次遇到它们时制定应对策略的关键。

先停一下，仔细想想那些经常在你脑海中挥之不去或者让你陷入困境的事情——我把这些存在于我意识中的事情称为"刺儿头"。很难想出些什么吗？让我们来梳理一下可能会阻碍你的一些"刺儿头"的类型。"刺儿头"存在于你的思想中、灵魂里、因果报应里——随便你怎么说。你知道我在说什么——

某个人、某种情况、某段记忆、某个愿望，就这样"卡"在你的脑海里。实际上，我发现把我所有的这些"刺儿头"列成一个清单，有助于把它们从我的脑海中清除，并以一种我能够掌控的形式呈现。

情感阻碍因素

"情感阻碍因素"是你内心深处的一些想法和感受，它们会引发你对某些事情的特定情感反应。你是否有过一种感觉，让你无法正常地做事情？你是否在某种程度上担心事情的结果？是否感觉有一堵墙挡住了你（阻碍了你）？你是否会拖延？

> **现在，只做一件事**
>
> 写下一些你曾对某件事情有过强烈情绪感受的时刻。在这些时刻中，是否有什么共同之处？你觉得这对你来说可能意味着什么？

经济阻碍因素

哇，这可是个棘手的问题！我非天才，但也能看出生活中的许多事情以及我们所面临的阻碍都与我们的经济状况有关。有多少次，钱成了你做某件事或不做某件事的原因？对钱不够用的恐惧是否会导致你放弃并随意花钱？对失去现有财富的恐惧是否会阻碍你对其采取任何积极主动的行动呢？

> **现在，只做一件事**
>
> 写下那些你觉得"钱"成了阻碍你做某事的一个因素的时刻。当时是什么样的感受？你本可以如何改变这种状况？

人际关系阻碍因素

我不知道你是什么情况，但我会被某些人阻碍。也许他们是你觉得在某些方面冤枉了你的人，或者是某个你就是与他合不来的人？又或者是某个让你感到害怕的人？把他们想象成与你在感受到某人的支持和关爱时完全相反的那种感觉。同样，把这些人记下来，看看会出现什么模式。

> **现在，只做一件事**
>
> 记住，你无须拿自己和任何人做比较，也不必操心别人在做什么。正如玛丽·弗里奥所说："攀比是创意的克星。专注于你自己的事情就好。"

现在，你已经列出了自己面临的阻碍因素，试着把它们看作对你积极向前发展形成阻碍的观念。不过，通过完成这项练习，你现在对这些阻碍因素有了更多的掌控。你可以看着写在纸上的它们，希望这样一来，它们看上去就没那么可怕了。

现在，让我们专注于在这些情况下能迅速取得成效的一些方法——一些能改变你对这些阻碍因素看法的策略。

消除阻碍因素的策略

在我休息的这段时间里，我逐渐认识到，就实现你在生活中想要的目标而言，拖延是最危险的因素。我认为它特别有害，因为你并不是对自己想做的事情毫无想法或概念。你确实是有想法的，而且你通常也有很多想法，但你却无法将它们付诸行动。

我在这方面使用过的一个技巧是由梅尔·罗宾斯（Mel Robbins）提出的，该技巧被称为"五秒法则"。我和很多人聊过，他们都没听说过这个法则，所以在这里详细介绍一下很有必要，因为它非常有用。它能很好地配合小步骤和渐进式规划，我认为这才是关键所在，而且在你不想做某件事（但知道自己应该做！）的关键时刻，它会帮助你获得所需的动力。

梅尔的理论是，如果你感觉自己在犹豫、退缩或不想做某件事，你需要在五秒钟内采取实际行动，否则你的大脑会在一种自我保护的行为中"扼杀"你做这件事的本能。梅尔认为，从五、四、三、二倒数到一的这个过程至关重要，当你数到一时，接下来要做的就是"行动"并付诸实践。她举了一些很有用的例子，比如在会议中发言，锻炼身体或者不伸手去拿那个甜甜圈。

梅尔想出了这个点子，知道它很有效，然后进行了一些研究，以证实它有科学依据，是一种元认知的形式，或者说是一种欺骗大脑的方法，以确保大脑能帮助你实现更大的目标，而不是通过"保护你的安全"让你远离任何可怕、不确定或困难的事情来阻碍你。

梅尔发现，这与前额叶皮层（你很可能在其他励志书籍中看到过）的活动有关。大脑的这个部分在规划、决策和朝着目标努力方面起着重要作用，但它不一定会主动帮助你实现目标。通过从五倒数，你就会有意识地采取行动，让自己摆脱"自动驾驶模式"，从根本上说，就是激活你的前额叶皮层，让它来帮助你！

与此相关，梅尔还谈到了动量原理，即启动一个反应所需的初始能量（"活化能"）比维持这个反应所需的能量要高得多。这与"进步原理"相关，哈佛商学院已经证明，这是幸福和高效的关键。

> **你可能在想……**
> 你说："我没时间停下来思考。我太忙了。"
> 我说："允许自己尽快成为真正的自己吧。"

我假设，如果你每周读一章本书的内容，那么到现在你可能已经尝试了几周，试图建立更好的模式，并朝着你的"目标自我"的个人愿景而努力。很艰难吗？还没开始？如果是前者，请继续读下去；如果是后者，请停止阅读，至少尝试一下每章中的"现在，只做一件事"行动，然后再从这里重新开始！

所以，假设是前者——哇！让我们停一下——你感觉怎么样？很高兴你能读到这里并在生活中做出积极的改变，做得很棒噢。

我们将在第十章中讨论如何通过迭代思维和短期集中精力的行动来加速这一进程，因为并非一切都会进展得完美。现在是时候考虑所有这些改变对你产生了怎样的影响，以及你是否需要调整方向，以确保这真的是你到目前为止最有成就的一年。

你现在正努力在生活中做出艰难的改变。你经历了一些起起落落，我希望平均下来你感觉还"过得去"。哪些方面让你觉得很挣扎呢？你最初在哪里动摇了？又在哪里几乎立刻就偏离了正轨呢？

首先，我不会对你做任何评判——你正在做的事情有些部分会非常艰难，而且我确定已经让你感受到艰难了。对我来说也是如此——你并不孤单。我们需要专注于对自己更宽容一些，或许还需要理解我们可能仍在对自己讲述的"故事"，以便记住并重新理解我们在第一章的个人反思中决定做出如此积极改变的原因。在我们踩下油门加速之前，让我们先稍作停顿，反思一下，然后希望你会带着全新的动力读下去，继续读到第十章，在接下来的几个月里继续前进，努力实现你的"目标自我"的个人愿景目标。

列一个"出了什么问题？"的清单

有时候，让我们分心的事情并不像生活中的重大阻碍那样引人注目。有时候，只是有些事情感觉不太对劲，不是吗？

同样地，通过记录和反思一些事情，我发现，往往只是那些简单的反复出现的经历，或者是一些更"有趣"的经历带来的结果，才导致我们如此分心。在当下，那种感觉很深刻，而且很难处理。

因此，我想出了另一个简单的策略，那就是列一个"出了什么问题？"的清单（我现在不会再为列越来越多的清单而道歉了——你需要清单，好吗？！），当我感觉有点沮丧、缺乏动力或状态不佳时，我可以对照这个清单检查一下。

我的清单上的大多数问题都很简单。例如，它们可能包括：

- 我是不是酒喝太多了？
- 我是不是已经两天没去健身房了？

- 我是不是已经连续两天多没有睡够八个小时了？
- 我是不是有什么烦心事却没有说出来，而这事我本可以解决或和别人分享的？
- 我是不是对一项还没完成的任务感到焦虑，并且这种焦虑导致我无法采取行动？

这个清单的关键是要认识到你需要对哪些事情采取行动。这是一个相当简单的机制——只需浏览一下清单，一旦你发现自己还没做的事情，你就可能会找到答案了。至少，解决你没做的"那一件事"可能会改变你的心态和状态——而且，谁知道呢，这可能就是最让你烦恼的事情。

列一个"已知干扰因素"清单

这是一个很棒也很有趣的做法，因为你可以借此小小地自嘲一下！我们都会分心。你在读这部分内容的时候可能就已经分心了。你可能已经查看过手机了（显然别在床上看手机噢），吃了点零食，或者睡着了。如果你在用 iPad 或笔记本电脑，你可能已经迅速查看了几封极其紧急的邮件。如果你在飞机或火车上，你可能会停下来考虑你想看哪部新电影，还假装自己不会再看一遍《环太平洋》……

所以，在接下来的一天里，留意一下你的注意力什么时候开始……开始分散。把让你分心的事情记下来。是什么让你停下了正在做的事情。尤其要注意你在早上进行一小时（或同等时长）工作的时候。例如：

- 你的手机是不是响了，然后你就拿起来看了？那个通知真的比专注于你今年的"目标自我"的个人愿景更重要吗？也许可以考虑关掉声音通知，甚至把手机关掉（太可怕了！）。

- 你是不是突然放下正在做的优先级很高的任务，去查看邮件，或者快速做了别的"事情"？为什么不迅速把那个任务记下来，等你完成了当天给自己设定的高优先级任务之后再回去处理呢？昨晚那件事都不紧急，现在难道就紧急了吗？

- 你是不是突然觉得现在就急需再喝一杯咖啡？那明天带一个保温杯到你的办公桌前吧。

稍后（在第九章），我们会更深入地讨论在你生活和目标的更广泛背景下如何说"不"，因此，你现在需要锻炼一下这方面的能力，至少要认识到那些让你无法实现每日、每两周和每年目标的"不良"行为。

所以，你明白我的意思了吧——不要诋毁自己，只是把那些干扰因素记下来，自嘲一下，然后尽量不让它们在未来影响你！分心因素清单如表 7-1 所示。

表 7-1

编号	那些通常会让我分心的事情	这种已知的分心情况发生时我应该采取的行动
1		查看我的分心因素清单
2		
3		
4		
5		
6		
7		
8		
9		
10		

列一个你的"刺儿头"清单

当我开始实施我在本书中详细介绍的各种方法时,我注意到在我日常准备出门且勉强能按时出门的过程中,出现了各种各样的"事情"。这些与我之前详细描述的阻碍因素不同——它们是些有趣的事情、想法、不断冒出来的小状况。有时候它们不是那么具体,而是更笼统,通常也不是单一任务的事情。有时候,它们只是生活中比较平凡或模糊的部分——那些我只是"感觉不太好"的事情。

例如，这些事情可能是："我需要存更多的养老金"，或者"我需要考虑尽快换辆车"。这些事情都会成为你需要完成的行动和待办事项，但它们目前还没有明确界定，也不是优先事项。其中有些事情可能更难处理。那些艰难的经历或事件总是不断在你脑海中浮现。很多时候，感觉它们就卡在那里——这就是为什么我把它们称为"刺儿头"。它们不一定是痛苦的事情——事实上，它们通常只是我们知道需要关注的事情。

我经常发现这些小事情不断地在我脑海中浮现。于是，有一天，我在我的待办事项应用程序中创建了一个单独的清单（是的，抱歉，又一个清单——它们很重要！），叫作"刺儿头"清单，然后开始记录这些想法和感受。我发现我的思绪一下子平静了下来——就好像卸下了这些负担，把它们放到了别的地方，让我松了一口气。

从那以后，这个清单在我的整体规划中成了一个非常重要的东西。我大约每周浏览一次，以确保没有任何一个担忧事项是至关重要的。我的基本待办事项清单侧重于那些我为了让生活朝着"目标自我"的个人愿景目标前进而需要做的积极的事情。我们都有让自己烦恼的事情——小小的担忧、想法或任务，我们知道很快在某个时候需要去做这些事情，但现在还不需要做。因此，把这些事情从你的脑海中清除，放到别的地方，这样你就可以专注于朝着年度目标积极发展了。

列一个"刺儿头"清单会帮助你更好地"掌控"它们——

如果你能在清单上看到所有这些事情，我觉得当它们出现时，处理起来会更容易。我的做法是这样的：

（1）我总是在想的"刺儿头"是什么？

（2）为什么这个想法会如此频繁地出现？

（3）下次我想到其中一个"刺儿头"的时候，我打算怎么做？

对于这些想法，我们不妨列一个如表 7-2 所示的清单。

表 7-2

我总是在想的"刺儿头"是什么	为什么这个想法会如此频繁地出现	下次我想到其中一个"刺儿头"的时候，我打算怎么做

现在试着写下你自己的"刺儿头"清单吧。

了解你的故事

其他人是如何突破的

你所能取得的成就没有任何限制,除了你给自己的思维设下的限制。

——博恩·崔西(Brian Tracy)

在前面的章节中,我们探讨了明确确定你想成为什么样的人,然后为实现这一目标努力在行动中保持一致。然而,说起来容易做起来难,我们可能会觉得有更深层次的东西阻碍着我们的进步。另一种看待这个问题的方式是,对于你想成为什么样的人以及如何成为那样的人,你有哪些"一致性规则"呢?我们也认识到了那种被人牵制的感觉,以及如何坦然面对这种感觉。然而,有时候我们也需要认识到,问题比这更深入。

我们需要意识到的一件事是,我们可能常常在给自己讲述一个故事,而且是一个虚构的故事。许多励志领域的作者都非常推崇改变你的故事这一观点,因为故事会影响你对一切事物的看法。这个故事可能会让你把自己描述成"一个焦虑的人",或者"我永远不会成功",或者"我不够好"。它可能根深蒂固,存在于潜意识中,以至于你甚至都没有意识到它。要意识到它,就要注意自己的语言表达方式,也许你会使用一些负面的短语,比如"在……之前,让我们先消磨点时间吧"。

叙事疗法的原则有助于解决这个问题。叙事疗法是一种心理咨询方式，它本质上认为人与自己的问题是相互独立的，从而让人能够与问题或故事保持一定的距离。这样，你就可以客观地看待某件事情，看看它实际上是在帮助你、以某种方式保护你，还是在伤害你。试试这个：深入地进行内省，感受一下在你内心最深处，你对自己的看法是什么。就像我们讨论过的很多事情一样，这仅仅关乎视角——你可以改变这种视角，甚至完全重写你的故事。如果你已经在做一些让你更接近"目标自我"的个人愿景的事情，那么就把这些成就当作"证据"（给自己，也就是你内心的故事），证明你正在改变自己的思维模式和行为方式，证明你有能力做得更多。当你开始采用积极且富有成效的新方式来对待生活时，你的未来就会发生改变，只要不以问题定义自己，这种改变就要比你想象的容易得多。

你的人生故事将会继续发展，但你不必活在过去。你可以为自己书写任何你想要的未来，你只需要通过采取行动来"成为"那个人。如果你已经开始这样做了，那就是个好消息。如果你已经读到这里但还没有采取任何行动，不妨考虑回到前面，尝试一下其中的一些步骤。

从个人角度来看，结合不要低估自己的原则，随着时间的推移，我开始重新构建我的故事，努力改掉那个糟糕的习惯（我相信你们很多人可能也有这个习惯），并为自己取得的成就感到自豪，而不是自然而然地认为别人不想听到我们谈论自己取得成功的事。那句古老的谚语"骄兵必败"在社会中仍然非常普遍。

当然，在自我提升方面是需要付出一些努力的，但即使是和自己进行对话，也有助于打破旧的模式，改变你的未来。你不必再继续活在"旧故事"中了。为自己感到骄傲吧，给自己一点认可。

我也知道这有多难。我曾经亲昵地称之为"工人阶级的自卑感"的那种情绪，在我取得任何成就的每一个关键时刻都会冒出来。它会告诉我，我当然应该取得这些成就，因为我已经软弱和表现不佳太久了。

如果有人称赞我，我就会把这些话当耳旁风。我不会接受这些称赞，而只是专注于对话中任何我能找到的负面内容。

有趣的是，当我开始意识到在实现目标方面我做得还不错时，我有了一个突破。我学会了通过对自己说一句话来真正开始认可自己做得好，即使在我心里我并不真的这么认为："你在那件事上做得很好。"我会给自卑的自己一点儿现实或心理上的小激励。关于这一点，稍后会详细说。

我现在希望你尝试的是类似的事情：感觉上是相关的、可行的，但又不会让你太脱离自己的舒适区。当你有时间的时候，试着练习对自己说一句认可自己做得好的话，基本上就是要习惯这样做！

顺便说一下,如果你们中的一些人读到这里,心里想"这太疯狂了,我完全可以坦然地认可自己",那太好了!为你点赞。不过还是试试我建议的方法吧,这会让你感觉更好!

每日执行计划的步骤

我在本章中推荐的这些做法并不容易——要形成动力并非易事。然而,通过引入一套简单的晨间习惯来辅助学习,你所能取得的进步会令人惊叹。每天进行一次"自我审视",也能让你在行动前稍作停顿,思考一下"为什么"以及"要往何处去",每日执行计划的步骤如表 7-3 所示。

表 7-3

步骤	要做的事	反思与进一步拓展
步骤 1	记录某些时刻:你曾对情感、经济状况或人际关系方面有过强烈感受,觉得这些因素"阻碍"了你做某事	在这些情况中,是否有什么共同之处?你觉得这对你来说可能意味着什么
步骤 2	试试"五秒法则"	下次当你感觉自己在犹豫或拖延时,试着深吸一口气,从五倒数到一,看看这对你是否有效
步骤 3	反思一下日常生活中切实存在的阻碍因素——昨天是什么阻止了你去做你需要做的事情?列一个清单,找出其中的规律	同时,也要反思一下哪些事情进展得很顺利——有哪些做法是你可以再次重复的?然后反思一下哪些事情进展得不太顺利——如果你不加以处理,未来哪些因素可能会让你偏离正轨?你在哪些方面可能需要他人的支持

（续）

步骤	要做的事	反思与进一步拓展
步骤4	列出你所知道的那些"刺儿头"（即阻碍你的事情）清单，这样你就能掌控它们，而不是被它们所左右	思考一下你自己的个人经历，以及你可能给自己灌输的想法——别忘了允许自己成为未来那个理想的自己。如果你做不到，那就记下（目前）是什么在阻碍着你
步骤5	回顾一下到目前为止你在实现"目标自我"的个人愿景方面所取得的进展，并确保这仍然是你想要追求的目标	通过使用一个新的关键短语或采取新的行动，主动为自己所取得的成就"点赞"（认可自己）

我个人是如何突破这一困境的

在这一切当中，真正改变了我的做法是，我确实会花上一分钟时间，去反思自己在任何特定时刻产生某种感受的原因。各种各样的阻碍因素，以及那些反复出现的想法，常常会极大地加重我的压力。记录并处理这些内容，让我的大脑释放出了大量原本被占用的思考空间，因为我不需要再过多地去想它们了——我只需识别它们，接受它们，然后继续前行。

第八章 日常惯例

本章重点探讨如何切实反思性地践行（没错，是真正地去践行，而不只是停留在理论阅读层面！）一些励志书籍中给出的传统建议，比如列"晨间"和"晚间"清单，还会探讨一些虽有难度但效果显著的方法，比如写日志——主动反思你为实现"目标自我"所付出的努力。

其他人是如何突破的

在任何事情上，正确的视角和坚持不懈都至关重要。
——萨摩亚·乔（Samoa Joe）

> **你可能在想……**
> 你说："好的。我需要一个计划。"

> 我说:"更多地专注于做好准备,而不只是把事情安排得井井有条。"

到目前为止,你应该已经深入思考过自己的"目标自我",并且为今年列出了一份具有意义的目标清单。你开始认真思考自己想要如何成长,以及这种个人成长对你而言意味着什么。你明白,改变意味着要消除生活中的阻碍因素(无论是情感方面的、经济方面的,还是人际关系方面的),并对各项任务进行简单的项目管理。

你已经开始倾听自己内心的声音了,希望通过反思你能更好地了解自己。而且你已经开始满怀热情和决心地朝着新的目标努力了。

从逻辑上讲,本章可以命名为"规划",因为它将帮助你制订一个详细的计划,以实现你"目标自我"的个人愿景。我们将讨论如何进行迭代、分解任务,以及如何在专注的两周时间内高效地完成大量工作。但在深入探讨这些内容之前,我想先与你分享一条对我的生活产生了巨大影响的思维捷径:去做好准备,别仅仅规划。

我这么讲是什么意思呢?让我来解释一下吧。

我自认为是一个"有条理"的人,但我常常感到沮丧。这种情况常常发生在我没有带上我需要的某样东西的时候,比如我的笔记本电脑充电线。正是这些事情让我情绪失控，也让我意识到有些事情不对劲。

有一次，我匆忙地收拾周末准备去威尔士探亲的家庭旅行的行李。这是一个熟悉的场景：出租车马上要来接我们了，时间紧迫，我赶紧抓起一些书籍、衣服和自己的一些用品。在迅速整理东西的时候，我停顿了一下，看了看我的笔记本电脑充电线，心想："算了，我不需要它，我的笔记本电脑是充满电的。"于是就没有带上它。

那个周末我有一些工作要做（显然，这是在我意识到这种思维方式和行为毫无意义之前），是关于一些数据的，我要为一场管理会议整理一份报告，而周五下午已经来不及处理了。我预估了完成这项工作所需的时间（最多几个小时），并准备在家人去当地海滩的时候完成它——我一切都安排好了。但最后，直到周日晚上很晚，我才开始做，而且我发现要做的工作比我预期的要多，我的笔记本电脑的电池没电了，我无法完成工作。我没有把文件保存到云端，而且家里也没有其他笔记本电脑可以用来重新整理文件。这导致我周一凌晨4点就起床了（可不是为了冥想！），然后以一种紧张焦虑的状态开始了新的一周。

我本应该相信自己的直觉。当时，我纯粹出于懒惰，不想弯下腰拔掉插头并把它放进包里，这可能总共只需要一分钟的时间。这件事有很多荒谬之处。为什么当时我没有考虑到可能需要做更多工作，以及电池可能会没电的情况呢？为什么我没有预见到这种情况呢？为什么我不相信自己最初的判断呢？为什么我不听从自己内心的声音呢？为什么，为什么，为什么呢？（想象一下我在某个地方的雨中跪地尖叫的画面！）

当我开始在"自由思考"中积极反思这件事，并在写日志（不过，记住，这不是一本让你自我否定的日志！）时允许自己"发发牢骚"时，我得出了一个结论：虽然我通常是一个相当有条理的人，但一些小事却不断地打乱我的生活。我既没有为自己需要做的事情做好准备，也没有预测到那些很可能发生的相对简单的事情，更不用说那些可能会让我偏离正轨的更"意外"的事情了。造成这种情况的原因有很多（现在仍然存在，因为我每天都还在努力改进这一点！）。让我们来看看其中的一些原因，看看它们是否也能引起你的共鸣：

- 我总是匆匆忙忙的。很奇怪，无论我计划多么早起床，设置好闹钟，尽量少睡懒觉，并且满怀积极的能量迎接新的一天，但我似乎总是在赶时间。当你匆匆忙忙的时候，你的大脑在向你大喊指令，其他人可能也在向你大喊指令，而"该出发的时间"也迅速逼近。

- 我没有检查那些可能会在以后让我陷入困境的事情的状态。

- 我有清晰的总体待办事项清单，我知道自己必须做什么，但我对优先级并不明确——不知道早上出门前必须做什么。

- 当"匆忙"的混乱局面来袭时,我没有让自己迅速取得一些小成果,也没有减少需要思考的事情的数量。

所以,基于这些原因,我提出了将"有条理"和"做好准备"区分开来的想法。我发现,我的生活在很多细微方面有了很大的改善,这些改善累积起来,让我在遇到意外情况时更有动力、更有信心、更有准备。以下是一些实用的建议,我希望它们也能对你有所帮助。

其他人是如何突破的

你无须一开始就很出色,但你必须先开始,才能变得出色。

——齐格·金克拉(Zig Ziglar)

创建你的"晚间"清单

如果是周日,你可能会有一种"开学前"的紧张感。如果是普通的周三,你可能会比较放松,心想,嗯,明天早上再想办法吧。

然而,想想那些"前一天晚上"很重要的时刻,可能会让你感到压力很大,难以入睡。虽然你可能会在最后一刻做一些事情,但我相信很多读到这里的人都曾提前做过一些准备,比如在早起赶飞机的前一晚收拾行李,或者确保为一场重要的面试熨好了衬衫。所以，在某些情况下，为事情"做好准备"并不是一种完全不合理的感觉。

我在这方面的突破是，不仅将这种思维应用于"特殊场合"（如果面试可以被视为特殊场合的话！），还将其应用于日常生活的准备中。

有一次，作为一项清晨的行动（难得一次我没有匆匆忙忙的！），我集思广益，列出了所有我认为可以帮助我在第二天开始之前尽量减少压力和干扰，并消除尽可能多的潜在问题和障碍的事情。

经过一些尝试，现在我几乎每天晚上都会按照以下清单来做（但不是每天晚上都做——正如我在第三章中提到的，将每日目标作为你"目标自我"的个人愿景的一部分来实施是很棒的，但如果你每周只能完成七次中的六次，也不要对自己太苛刻）。

我把它打印出来，放在我的床边、门后，这样在我锁门之前就能看到它，还放在我烧热水灌热水袋的水壶旁边（是的，关于热水袋我也可以写一整本书！）。

我的清单名为"做好准备，别仅仅规划——睡前/反思与预先规划"，内容如下：

（1）你今天写日志了吗？

（2）你花时间感恩了吗？

（3）你为明天的待办事项清单排好优先级了吗？

（4）你为明天要做的所有事情都尽可能做好准备了吗？

（5）你检查过明天首先要去的地方了吗？你是否有足够的时间去第二个地方？

（6）你检查过到达那里的所有交通方式（包括步行、骑自行车、乘火车、坐地铁、打车或开车）了吗？并确定最佳路线了吗？

（7）你设置好闹钟，给自己留出准备的时间了吗？

（8）你设置了15分钟的额外准备时间的闹钟了吗？

（9）你所有的衣服都准备好了吗？

（10）提前想想——就你能控制的范围而言，可能会出什么问题？

真的都是些简单的事情，而且对我来说都很有意义。现在我大多都已经记住了，但我还是喜欢把它们当作一个清单来逐一检查，以确保自己尽可能做好了准备。有时候有些内容比其他的更相关，但大多数每天都是一致的。如果我还有什么需要做的事情没做，我会在睡觉前完成它。

对我来说，把衣服准备好是一件很重要的事情。倒不是说我真的要花很多时间来准备，或者在穿什么衣服上想很久，但是你会发现搭配一套衣服可能有很多意想不到的麻烦，这不是很神奇吗？比如要及时熨烫衣服，找到合适的鞋子，最喜欢的袜子还在洗，或者忘记去干洗店取西装。这种准备工作还有一个附带的好处——它可以减少所谓的"决策疲劳"，即我们会因为不断地对一些事情做出决策而感到疲惫和厌倦，即使这些事情表面上看起来相对较小。据说，一些知名人士，比如贝拉克·奥巴马和马克·扎克伯格，会把他们日常的着装选择减少到一两种，以限制他们一天中做决策的数量！

你的任务是想出一份你自己的清单，凭良心说，你知道这些事情会帮助你为第二天做好准备。

> **你可能在想……**
> **你说**："可要是我做不到怎么办？"
> **我说**："是时候把辅助轮卸下来了。你会摇摇晃晃，你会摔倒，但你会学会更快地蹬踏板——而且，最终，你将能够自如地骑行。"

本章将在我们已经学过的关于学习和重新审视我们的阻碍因素的基础上，进一步培养一些核心的日常习惯，以帮助我们实现"目标自我"的个人愿景的目标——是时候释放你自己了。你有能力去做任何你想做的事情（在合理范围内——学会飞行可能还需要一段时间，但这是有可能的！）。释放能量并不总是意味着要追求不可能的事情。正如我们所讨论的，你的目标可能是学会赤脚攀登乞力马扎罗山，或者做 1000 个单手俯卧撑，但也可能更简单一些，比如还清债务，或者找到一份更好的工作。无论你的目标是什么，都需要放下那些你可能一直告诉自己的事情。

在前面的章节中，我们探讨了专注于加速进步和形成动力的方法。在这一部分，我将鼓励你按照自己的方式提高日常工作效率、培养正念习惯。在专注于具体任务的进展和更好地了解自己之间找到日常的平衡至关重要，而这将把我们带入一个有些困难的更加个人化的反思领域。我发现开始做这件事本身就特别困难，更不用说以一种有条理的方式去做了。因此，如果你也有同样的感受，你绝对不是一个人。

好消息是，在这一部分有很多取得"成功"的机会，我想你会从这些改变中获得很多收获！

塑造你的新"日常习惯"

其他人是如何突破的

> 每天砌好一块完美的砖来打造自己。很快，你就会砌成一堵墙……
> ——汤姆·比利厄（Tom Bilyeu）

你的日常习惯是否如此：在按了五次"再睡一会儿"按钮后，最终还是屈服于闹钟，从床上爬起来，泡杯咖啡，洗个澡，上班迟到，手机嗡嗡作响，提醒你有 23 件事情还没做？或者可能是这样一幅混乱的场景：你的家人在为上学做准备，或者你通宵工作后很晚才回家？晚上的情况也差不多，不是吗？很晚才回家，没去健身房，周二晚上随便喝上一杯，躺在床上用手机刷 Facebook。如果这就是你的现实，你并不孤单，有时候为了生活你不得不这样做。和往常一样，这里我们不做任何评判。

不过，如果你正在读本章，我猜你已经有了一种隐隐的感觉，那就是你想要在某种程度上有所改进。如果你已经读到这里，那么你现在对自己的生活有了一个新的愿景，并且对今年年底前想要做的事情有了更清晰的认识。你也更加清楚自己潜在的阻碍因素和可能会让你犯错的事情。所以，让我们积极主动起来，规划一下你未来的一天可能会是什么样子。让我们先看看那些超级成功的人是怎么做的。很多专家都写过关于如何处理一天的开始和结束的文章，所以让我们深入了解一下。

把这些当作你未来渴望实现的"关键成就"。它可以是任何对你有意义的事情——例如，回顾我们在第二章中看过的从过去到现在的时间线。所以，下一个行动是写下一些你认为可以实际改善你当前状态的方法。

> **你可能在想……**
>
> **你说:**"但说真的,人们难道不会嘲笑我、评判我吗?我究竟该从哪里开始呢?"
>
> **我说**(实际上……这是我五岁的孩子主动说出来的话):"你只能控制自己的想法,可控制不了天气。"

本章现在将介绍另一种项目管理方法——"敏捷"中的一些关键概念(是的,也请跟我一起了解这个概念!),其中至关重要的是,为朝着你刚刚在精彩的"目标自我"的个人愿景中概述的目标实现每日进展提供一些框架。

许多人可能听说过"敏捷"(或"Scrum[⊖]"),但对于那些没听说过的人,让我们快速做一个"初学者指南"。(请耐心阅读接下来的内容,因为这种方法非常有用,它的原则真的改变了我的个人生活和工作生活——它可以应用于任何事情。更棒的是,它有一些非常酷的术语,比如"计划扑克""每日站会"和"冲刺"——有什么理由不喜欢呢?)

根据 Scrum 联盟及其敏捷宣言,敏捷是指"基于敏捷宣言中表达的价值观和原则的一组方法和实践",其中包括促进协作、自我组织和团队的跨职能性等内容。敏捷源于 20 世纪 70 年代和 80 年代丰田、富士和本田等创新型日本公司所采用的技

[⊖] 敏捷开发中的术语,指"迭代式增量软件开发过程"(一种用于开发和维护复杂产品的框架,强调团队协作、快速迭代和适应变化)。——译者注

术，20世纪90年代，杰夫·萨瑟兰在发现自己对那些总是落后于计划且经常超预算的项目感到沮丧后，创建了Scrum框架。如果你想了解更多关于Scrum的信息，萨瑟兰和他的共同创造者肯·施瓦布在scrumguides.org上提供了官方指南。

Scrum是用于实现敏捷开发的框架。Scrum通常用于开发有形产品，从一块空白的白板和一叠便笺纸开始（你也可以使用Trello㊀等程序在线进行）。它用于分解复杂的问题，然后将它们按优先级排列成单个任务——"待办事项列表"，或者说为了创建产品（或者对你来说，实现你的"最终愿景"）需要做的事情。在较大的团队中，这些任务会分配给其他具有最适合解决各个任务的技能的团队成员。

Scrum还有两个非常有趣的额外"角色"，它们将在你自己的旅程中帮助你——"产品负责人"和"Scrum主管"。

一个Scrum项目从产品负责人开始，产品负责人负责创建待办事项列表并确定其优先级，代表最终用户的"最大利益"，并对最终产品的内容拥有最终决定权。

负责完成待办事项列表上项目的团队以一种称为"冲刺"的方式来进行工作——通常是一到两周的预定时间框架。在"冲刺计划"阶段，团队共同决定即将到来的冲刺中要包含哪些任务，以及谁将负责这些任务。每次冲刺总是以一个称为"回顾"的评

㊀ 一种项目管理软件的名称。——译者注

审结束,在这个评审中,团队回顾已完成的任务、所做的工作,并讨论如何为下一次冲刺进行改进——也许是某个任务的规模比预期的要大,或者某个团队成员的工作量过大。然后开始下一次冲刺,团队从待办事项列表中选择项目并重复这个过程。

在冲刺期间,团队每天还会开会,在每日 Scrum 会议(通常称为"每日站会",因为,你猜怎么着,他们是站着进行会议的,这对保持精力很有好处!)上提供进度更新。会议时长也不超过 15 分钟(是的,这是真的——会议可以只有 15 分钟!),目标是回答三个关键问题:

(1)你昨天处理 / 完成了哪些任务?

(2)你今天将处理哪些任务?

(3)今天有没有什么阻碍你工作的事情,需要别人帮助解决?

每日站会的一些基本组织要素将对你很有帮助,你可以考虑自己实施:它们总是在相同的时间举行,并且这个时间要适合每个人。在敏捷方法中,一个团队由一个被称为"Scrum 主管"的人支持,他主要负责帮助团队消除阻碍因素。你猜怎么着,你就是你自己的个人 Scrum 主管!

问问自己:昨天取得了什么成就

所以,你已经有了自己的"目标自我"的个人愿景。让我们开始分解一些任务。理想情况下,在继续阅读之前,停下来做一些这样的任务。

就像我们每次专注于一年的目标一样,我希望你每次专注于一天的目标来跟踪进展。本章还开始讨论那些阻碍进步的信念,并提出了改变这些信念的策略,通过更好地了解自己,识别那些"卡"在我们脑海中的事情,回顾和反思它们对当天的影响,并在每次发生这些事情时提出关键问题来问自己。

那么,你应该什么时候回顾任务并计划下一个任务呢?很多励志专家会说,你应该在晚上整理好你的待办事项清单,这样你就可以在第二天一早开始处理它们。这对很多人来说确实有效,他们可能会选择利用这个时间写日志并反思当天的情况。我建议你尝试一下,找到自己"理想"的时间来进行这种整理。我们将在后面的章节中讨论具体的时间安排。

现在,让我们养成回顾进展的习惯。我假设到现在为止,你已经开始朝着实现你的"目标自我"的个人愿景做一些任务了吧?甚至可能是新年的第一周,你正致力于实现你的愿景。

所以,简单来说,问问自己——昨天进展如何?你做的事情比计划的多还是少?反思一下——明天你会做同样的事情还是会有所不同?把这作为一项实际操作的活动。真正地去做这件事——这是努力向前发展的关键动力。

也许你没有为实现自己的目标做任何事情?是不是因为那

天很忙，你根本没有时间去做其他的事情？你得去购物、送孩子、接孩子（在我们家，有一段时间足球训练是个大事）？不知不觉中，就到了睡觉时间。都是阻碍因素，全是阻碍因素。我也经历过很多很多次这样的情况。让我们试着在思想上取得突破。

你今天打算做什么

其他人是如何突破的

努力工作能让心灵和精神免于褶皱。
　　　　　　　　——赫莲娜·鲁宾斯坦（Helena Rubinstein）

好的，让我们专注于如何在日常生活中取得进步。朝着你"目标自我"的个人愿景取得进步的关键在于，定期回顾这一愿景，检查你已经为此做了多少。同样，就像本书的很多内容一样，重点在于通过重复的模式做事来培养自律和严谨的态度。回顾你每天的优先事项是一个很好的开始，因为这能让你积极思考自己需要实现什么，而不是盲目相信事情会自然而然地完成。没错，有时我们确实会意外地拥有一段宝贵的时光，在这段时间里我们可以着手去做一直拖延的事情，并真正专注于把它完成，但我想我们都能意识到，在现实中这样的时光少之又少。

目前，我不是要你真的对任务进行优先级排序。相反，我希望你开始认识到，在你实现或未实现自己设定的目标这件事上存在着哪些模式。这可以超出你自己"目标自我"的个人愿景范畴。在你的日常生活中，哪些事情是你经常未能完成的呢？同时，也思考一下与之相反的情况——当你真正出色地完成了某件事并为此感到自豪时，促成这件事的条件是什么？我不想把这当作一件坏事来思考。我相信，有时候实现目标的关键实际上是没有阻碍因素——那些通常会妨碍你的事情，这次没有出现。也许是因为你在那种特定情况下对它们进行了有效的处理，或者是因为一系列独特的情况凑到了一起，但几乎可以肯定的是，正是你对这些阻碍因素的处理方式，才让你实现了目标。

现在，这种思考方式可能看起来出奇地消极——处理阻碍因素能帮助我实现目标吗？是的。事实上，在接下来的一年里，你为实现"目标自我"的个人愿景所做的一切都将取决于你对自己的阻碍因素的了解程度，就好像它们是你最好的朋友一样——要更加了解你的"敌人"！

明星采用的晨间习惯

许多非常成功的自助和励志导师都建议养成固定的晨间习惯，以便在一天的开始就真正进入状态。蒂姆·费里斯（Tim Ferriss）就是这样一位导师，他是一位畅销书作家、播客主持人，也是优步（Uber）和贝宝（PayPal）等公司的投资者。蒂姆经常谈到这个话题，并且有一些有趣的做法。例如，他每天早上做的第一件事就是整理床铺。这是为了确保每天他都能有意地完成一件自己能掌控的事情，这一做法源自海军上将威廉·H.麦克雷文（William H. McRaven）2014年在得克萨斯大学奥斯汀分校发表的那场如今已很著名的毕业典礼演讲，在演讲中他倡导："如果你每天早上都整理床铺，你就完成了当天的第一项任务。这会给你带来一丝小小的自豪感，并且会激励你去完成下一项任务，接着再下一项。到一天结束时，完成的那一项任务就会变成完成了许多项任务。"

然后蒂姆会喝些茶，简单地吃一点早餐。他每天早上会花20分钟进行冥想，之后是两分钟的"放松时间"，在这段时间里他只是让自己的思绪随意飘荡。他会进行一些锻炼来唤醒自己，为新的一天做好准备，有时锻炼完后还会洗一个60秒的冷水澡（呃，这是可选项，但如果你能受得了的话，这会很有效果！）。好了，这和从床上翻身起来、查看手机，然后打开水壶或咖啡机相比，是一个很大的改变，不是吗？但我们能从中学到哪些切实可行的东西呢？

从每日的可视化想象开始

我强烈建议你继续坚持的一件事情是，以某种方式每天进行可视化想象，就像你在构思今年的最终愿景时所做的那样。

这可以有多种形式和时间安排。我发现非常有用的一件事是每天浏览一下"目标自我"的个人愿景和我的目标，这只是为了提醒自己想要实现的是什么（其他更传统的建议是每天都重新写下目标）。

你甚至可能想把这提升到一个新的层次，花些时间想象以任何对你有意义的方式实现你的目标和目的——想象一下当你实现它们时具体会是什么样子——你能看到什么，闻到什么，和谁在一起——就好像你戴着某种先进的 VR（虚拟现实）头盔一样！我发现这真的能帮助你与自己的愿景"建立联系"，并开始相信它可以实现——而且，你猜怎么着，如果你每天都朝着实现它的方向采取行动，那么它就会成为现实。

对此的一个延伸是，尝试为当天额外设定一个意图——在某个特定方面做得更好，在某个特定问题上更宽容或更有同情心。我有时会这样做，这确实有助于让你的注意力集中在当天你想成为什么样的人上。

另一件我觉得有用并且已经坚持下来的事情是，从更宏观的角度出发——专注于我希望每天都保持一致的"主题"，而不只是某一天。这个清单（抱歉，我知道，又是一个清单，但说实话，把它列在应用程序里或写在纸上，总比在你的脑海里乱糟糟地想着要好！）可以概括你未来想要成为什么样的人以及不想成为什么样的人。这可能是像"我想成为一个慷慨的人"或

"我不会再一直道歉了"这样的事情。当然,这些内容比你"目标自我"的个人愿景的具体细节要抽象得多。这些表述更模糊一些,也很难量化成"简单"的目标,但我发现,把它们当作每天的"任务"来坚持,有助于提醒自己需要努力的方面。

列一份感恩清单

我们表达感恩的次数不够多,不是吗?许多励志和绩效教练认为,每天表达感恩是你能做的对自己生活产生积极影响的最棒的事情。例如,迪帕克·乔普拉(Deepak Chopra)将感恩描述为"一种极其强大的力量,我们可以利用它来扩大我们的幸福感,建立有爱的关系,甚至改善我们的健康"。我是这样做的,每天列一份简短的清单,写下所有我想要感谢的人(见表8-1)。

表 8-1

我要感激谁呢	为什么我感激他们走进了我的生活
1	
2	
3	
4	
5	
6	
7	
8	
9	
10	

一些导师，如巴德鲁斯·凯乌利安（Bedros Keuilian），也建议你利用这个时间真正地联系这些人，并具体告诉他们你感激他们什么——例如，发一条简短的信息，概述他们是如何影响了你的生活。我理解这对你们中的一些人来说可能会有些不自在，所以不必觉得一定要这样做，但同样，这是未来可以考虑的事情。我自己已经开始这样做了，因为我在实践本书中的一些建议方面已经有了一些进展，而收到的反馈让我感到惊讶，所以一定要记住这一点。不过，首先要记住心怀感恩！

写日志：反思清单

我们可能对"写日志"这个概念相当熟悉。从我们还是孩子的时候起，我们就知道日记（甚至可能在某个时候还写过日记），而且我们知道表达和释放内心深处的想法是有益的——那么为什么对我们很多人来说这却如此困难呢？自从开始践行本书中的一些行动以来，我开始写日志，并坚持了一段时间，但后来我真的开始在这方面遇到困难。我发现很难对自己坦诚相待——有点像是我在用密码和自己对话。

最终，我意识到是写日志那种"无方向性"的特点让我陷入了困境。所以现在，在我的日常习惯中，我不像蒂姆·费里斯先生那样只是随意地写日志，而是专注于反思。

我的日志（是的，抱歉，又多了一件要坚持做的事——但这会变得越来越容易！）现在是一系列与我的"目标自我"的个人愿景相匹配的反思内容。实际上，这些都是我在日常学习过程中得到的小贴士、想法和名言警句。我只是把它们列成一个清单，当我感觉有点卡住或者只是有一些空闲时间又没有精力开始一项重要任务的时候，我就会看看这个清单。

适合"普通人"的晨间习惯

如果你上班已经要迟到了，家里还有吵着要吃早餐的孩子，而且背景中电视还在大声播放着，那么像蒂姆·费里斯所建议的那种晨间习惯就很难坚持下来。我对蒂姆的习惯进行了一些尝试，说实话，一开始我确实觉得很难做到，但事实证明其中的一些关键要素对我非常有用。以下是我做的一些小贴士，可能也会对你有用：

（1）第一个前提是，当你醒来的时候，把手机关掉或者调成飞行模式（所以要在你睡觉前就做好这件事）。我已经开始严格这样做了，虽然我无法证明这一点，但我觉得这改善了我早上的精神状态，因为我有意识地需要转换一下"状态"，才能准备好应对如潮水般涌来的电子邮件、提醒和推送消息。

（2）对我来说，闹钟一响，我做的第一件事就是先进行10分钟的冥想。在不锻炼的日子里（见下一点），我会把闹钟设定成比我最晚起床时间早一个小时——这样我可以按一次贪睡按钮，但只能按一次。（许多大师会说这样做从一开始就注定了这一天的失败，但我不这么认为，除非你按了三次或更多次贪睡按钮。）

（3）当我达到我所说的"正式醒来"的状态后，我不会马上起床，而是稍微坐起来一点儿（以免又打瞌睡），然后闭眼几分钟。首先，我试着想想我感恩的事情——我的家人、我的生活；然后，我试着想想我长期想要做的事情——想象一下实现它的样子；接着，当我感觉自己的思绪开始飘向具体的行动时，我就睁开眼睛起床。

（4）我不总是一起床就整理床铺，但我确实会尽量在起床后首先做一件能让自己有成就感的事情——比如在等水壶烧开或者咖啡煮好的时候，快速地整理一下东西。我试着专注于做一些让人烦恼的事情——比如倒垃圾，或者把散落在家里各处的鞋子收集起来，至少把它们堆成一堆。

（5）然后，我会走向我的书桌（但任何厨房台面或沙发也行），去做那件最让我烦恼的、我必须要做的事情（那件一直"困扰"着我的事情）。

（6）我会查看一下我的待办事项清单，如果有时间，我会去做下一件最让我烦恼的事情，或者我会开始进行早上的常规活动，比如洗漱、吃早餐、穿衣服等。

（7）每周有几个早上，我也会起床后几乎马上就进行某种形式的锻炼。和做任何事情一样，关键在于做好准备——把你的运动服放在床边或门边，准备好钥匙和耳机。醒来后，不管你需要做什么——五、四、三、二、一——抛开任何消极的想法，然后开始大声说出那些想法（如果有人在睡觉就小声点）。我会听一段励志演讲或访谈。这种锻炼可以是跑步、去健身房、跟着 YouTube 上的课程进行 30 分钟的循环训练或自重训练，或者做一些比较激烈的瑜伽！

对你来说，可能是晨间清单，如表 8-2 所示。

表 8-2

事件顺序	晨间清单
1	
2	
3	
4	
5	
6	
7	
8	
9	
10	

现在，只做一件事

如果在我的晨间待办事项清单中只推荐一件事的话，那就是今天就为你自己以及家里的每一个人购买一个可重复使用的咖啡杯和水杯，并且出门一定要带上它们。我自己过了很长时间才做到这一点，想想都觉得难为情。

我在使用水杯这方面做得还不错。但我花了很长时间才开始使用可重复使用的咖啡杯，而且在我最终意识到该用可重复使用的咖啡杯之前，尽管我已经尽最大努力去回收利用了，可还是有大量的一次性咖啡杯被我扔进了垃圾填埋场，这在个人层面上对环境造成了不小的影响。今天就行动起来吧——现在这类产品到处都能买到——而且其中一些性价比非常高，这样一来，你在拯救世界的同时还能省钱呢。如果读本章的大多数人都能做到这一点，这个世界将会变得更加美好。所以，要是你正好在外面，那就请立刻去做这件事；要是你在上网，那就尽快下单购买。

适合夜猫子的夜间习惯

对于那些更喜欢在一天结束时忙碌的人，这里有一些关于晚间习惯的小贴士：

（1）首要任务是不要把手机放在床上。不要把手机放在床上！

（2）尽量在睡觉前 90 分钟内不要进食。

（3）如果你晚上难以入睡，尽量在睡觉前两小时内不要锻炼，而且（不管是否锻炼）洗个热水澡或淋浴可能真的会有帮助。

（4）在我晚上把手机放下之前，我会查看一下我的待办事项清单，然后想想为了让第二天过得成功，我需要做的三件事。

（5）读一本书——对我来说，如果我在家，这是一本真正的纸质书；如果我在外出差，那就是用 iPad 看书。

（6）就在你睡觉前，做一点冥想怎么样。

不妨将以上的步骤列一个清单，如表 8-3 所示。

表 8-3

事件顺序	晚间清单
1	
2	
3	
4	
5	
6	
7	
8	
9	
10	

创建你的"出门清单"

尽管我列的晚间清单让我感觉对生活中可能出现的事情有了更充分的准备,但我很快意识到,由于我称之为"可避免的麻烦事",我仍然有很多压力很大的日子——可以把它们看作"可控制的事情"的某种邪恶表亲!

我的晚间清单确实让我在一天的开始就有了优势,也确实消除了很多压力,但是,就像唐·亨利(Don Henley)说的,"在纽约的一分钟里"(抱歉,对你们中的一些人来说这个引用有点生僻——在本书的其他部分我尽量做到既酷炫又符合当下潮流,但我毕竟老了!)会发生很多事情。我的晚间清单让我能够更有条理,但我仍然没有做好充分的准备,现在我意识到这两者有着关键的区别。

所以,我在已有的基础上又创建了一个晨间清单——同样强调不需要过度思考,减少"决策疲劳",并避免一些明显的问题。我集思广益,列出了所有我通常匆忙去做的事情,以及那些我出门时经常会带着的东西,还记录下了那些在最后一刻和一整天都让我陷入麻烦的小细节。

现在我把这个清单贴在我家前门的背面——这真的有助于我在早上关注这些事情,特别是当我当天要做一些压力很大、需要集中精力的事情的时候。是的,它真的就叫作"上午/出门——你带好东西了吗?"清单:

（1）你今天早上重新查看过你的路线了吗？

（2）你查看过天气了吗？

（3）你有一个装满水且可重复使用的水杯吗？

（4）你有一个可重复使用的咖啡杯吗？

（5）你有一个备用的塑料袋吗？

（6）你涂防晒霜了吗？

（7）你有更多的防晒霜、太阳镜、帽子和雨伞吗？

（8）你带好手机、钱包和牡蛎卡（伦敦交通卡）了吗？

（9）你检查过牙齿和头发上有没有"异物"吗？

（10）你有手机充电线/插头和备用手机电池吗？

（11）你的笔记本电脑充满电了吗？如果没有，你把充电线放在包里了吗？

（12）你今天需要任何适配器或电线吗？

（13）你带好耳机了吗？

（14）你今天需要带任何特殊或特定的物品（比如护照）吗？

检查一遍这个清单不到一分钟，如果有东西没带，整理好也只需要一分钟。但我不会等到要出门的时候才检查，因为我还在咖啡机上方和浴室镜子旁边各贴了一份清单的副本！

在一个工作周中，遗漏这些东西中的一些甚至全部都给我带来过麻烦。通常不是什么大麻烦，但肯定会增加意外情况带来的累积压力。

你的晨间清单都是关于那些平凡的小事情的，你知道如果你不注意，这些事情可能会回过头来困扰你。创建你自己的清单——或者以我的清单为起点。

但是，在你出门之前，理想情况下，你需要已经朝着当天实现"目标自我"的个人愿景的一个目标迈出了一步。所以，让我们来讨论一个实现这一点的简单策略。

创建你的优先待办事项清单

我们已经详细讨论过如何将你的一年分解成可实现的目标，以及在专注于少数几个你实际能够实现的关键事项时，要保持乐观但也要严格要求自己。基于此，我们已经制定出了一个"目标自我"的个人愿景，而你现在正朝着这个愿景努力前进。

从那以后，我鼓励你不断记录想法和待办事项——无论何时何地，只要有了想法或念头，就把它们从你的脑海中提取出来，按照有条理的格式进行整理。希望到现在你已经明白，这里的关键是找到一种适合你的格式——一种能够坚持下去的格式，而不是最终只写了几页就被束之高阁、积满灰尘。这个清单需要成为你在所有事情上的日常伙伴。

现在，让我们来讨论如何对这些事项进行优先级排序，这样其中一些事项就能真正从你的待办事项清单上被标记为"已完成"——再也不用回头去处理！

在日常生活中，每件事情似乎都很重要。要得到一个按优先级排序的待办事项清单，你首先需要专注于你的"目标自我"的个人愿景目标，并从这些目标中确定你的优先级。例如，如果你今年的主要目标之一是完成一个工商管理硕士（MBA）课程，那么你可能会把每天写500字的最新MBA论文作为一个优先事项来完成。

如果你需要在两个目标之间做出选择，该怎么办呢？这里的关键在于厘清什么对你才是最重要的事情的想法。"但这些都很重要啊"，我仿佛听到你们异口同声地抱怨，俨然一副《活死人之夜》里的人的口吻！但真的是这样吗？问问自己，哪些事情可以等，真的可以等。重要事项和优先级事项之间有很大的区别。重要的事情确实需要去做，但它需要在今天、就在此刻完成吗？那些你回答"是"的事情就是要放在待办事项清单最上面的优先级事项。

正如我们已经讨论过的（并且在第十章还会进一步讨论），使用敏捷方法，我们可以将其中一些事情归类为一组，集中精力努力去完成，从而真正取得一些进展，但目前，让我们先从本章开始培养的日常习惯中获得一些基本动力。思考一下你想要优先处理的任务。你可以使用以下几个标准来进行排序：

- 某件属于"阻碍因素"的事情，它会阻止你推进其他事情；
- 某件一直萦绕在你脑海中的事情（"我就是得做那件事"）；
- 某件完成后会是一项重大成就的事情；
- 某件让你害怕去做的事情；
- 某件让你提不起劲，但你已经答应为别人做的事情。

浏览一下你的待办事项清单，在心里（或者如果你愿意，也可以实际操作）对这些事项进行分类。有些时候，你可能想处理某一类待办事项，而有些时候，你可以直接从清单中挑选。试试看——但先选择你最不想做的那件事！

我有时也会从任务量的角度来考虑待办事项。我试着大致估算一下待办事项清单上各项工作的"任务量"，方法是将它们划分成一个个15分钟的时间段。在大多数的早晨，如果我的晨间日常进行得顺利，我会在需要起床的时候醒来，喝杯咖啡，吃个早餐——并且确保在坐到办公桌前之前，我还额外预留了15分钟的时间。一个小时里有四个15分钟的时间段，所以我可以完成四项快速的任务，或者集中一整个小时的精力去处理一项更复杂或耗时更长的任务。

运用这种方法，思考一下，如果你每天早上都全神贯注地去做待办事项清单上排在前三位的事情，你能多快完成它们呢？你能在一个早上就完成吗？很有可能你是可以的，但这需要你目标明确，并且能够做到把其他优先事项先放到一边。

一旦你成功完成了第一项优先待办事项，它很可能会改变你的态度，也会让你更轻松地开始着手下一项任务。

每天晚上，我都会确保记录下第二天早上我需要做的最重要的任务（如果你在写一本书，那可能每天早上都要这样做！），并且明确自己的最低目标。每天早上都是如此。如果我很快完成了第一项任务，我会接着去做清单上的第二项和第三项任务，但通常我不会再继续做更多了。不过别对自己太苛刻——每天完成一个关键目标已经在为你积累巨大的动力了。一天完成一两项，意味着你一年可能会完成 500 多项任务。

对我来说，关键之处——也是我可能与许多建议者观点不同的地方——在于，我认为你需要接受这样一个事实：并非所有的任务都会是"改变局面的关键因素"。有时候要做的一项任务可能只是个人事务管理方面的事情，它并不会彻底改变你的生活，但却可能帮助你消除一个心理障碍或者关键的"阻碍因素"，从而让你在第二天（或者在下一项任务中）取得一些重要的成果。

明天就试试这样做：按照我提到的标准给一些待办事项排个优先级，再根据你完成类似任务的速度来估算一下它们的任务量。看看效果如何，并把它作为你日常反思的一部分。具体优先级排序如表 8-4 所示。

表 8-4

序号	待办事项清单（按照最能形成动力的顺序进行优先级排序）	这件事能实现我"目标自我"的个人愿景中的哪一部分	我为什么要把这件事列为优先事项	我打算在这件事上花费多长时间	是今天做还是明天做	我什么时候会回顾这件事（在当前冲刺阶段结束时进行回顾总结）
1			这件事是做其他事情的阻碍因素	15 分钟		
2			这件事每天都萦绕在我的脑海中	30 分钟		
3			完成这件事将会是一项重大成就	45 分钟		
4			这件事让我感到害怕	1 小时		
5			这件事没什么意思，但我答应过别人要做	2 小时		
6						
7						
8						
9						
10						

每日执行计划的步骤

我花了几天、几周甚至几个月的时间来梳理和测试本章提到的所有内容。要在你的日常生活中做出重大改变真的很难。在本章我所建议的这些事情中——我真的觉得做这些事都极其困难——我意识到我花了太多时间去担心别人的需求,却从未专注于弄清楚自己的需求是什么。我总是在思考、计划,想出新点子、新方案,尝试新事物,但我从未停下来反思过"我为什么要这么做"以及"我要往哪里去"。停下来反思并进行"回顾总结"是一项很难坚持的习惯。我们总是打算在工作和个人生活中更经常地这样做,但在如此快节奏的世界里,这确实很难做到。然而,停下来反思"我为什么要这么做"以及"我要往哪里去",真的有助于让你与最初的愿景保持一致。

希望这对你也同样有效。到目前为止,你应该已经做到了,每日执行计划的步骤如表 8-5 所示。

表 8-5

步骤	要做的事	反思与进一步拓展
步骤 1	通过每日可视化想象实现"目标自我"的个人愿景,以此来助力你的成长之旅	事后试着记录下这样做带给你的感受。专注于"目标自我"是否能激励你?如果不能,思考一下可能的原因
步骤 2	建立一套属于你自己的日常习惯,并努力每天都坚持下去	你的日常生活变得更有条理,你感觉如何 你还能在哪些方面养成更健康的日常习惯呢

（续）

步骤	要做的事	反思与进一步拓展
步骤3	围绕你今年想要成为的样子，列出一份带有"主题"的反思清单	要坚持做到这一点并不容易——生活有时确实会"妨碍"你，但尽量保持一致，当你没有按照自己设定的主题去做时，要及时意识到这一点
步骤4	列出一份按优先级排序的待办事项清单，内容为你在任何一个时间段内需要做的一件、三件或五件事	这是需要掌握的最关键的方面之一；在某种程度上，这也有悖于我们的直觉，因为肯定会觉得做的事情越多越好，不是吗？但说实话，把几件事情做得非常出色会极大地推动你前进
步骤5	学会喜爱积极的想法，对消极的想法一笑置之	这一点很关键。我们都有情绪低落的时刻，但如果有可能的话，尽量从这些时刻中找到一些幽默之处——而且也不要忘记为美好的时刻庆祝

我个人是如何突破这一困境的

正如我们所提到的，进行简短的每日自我梳理至关重要，在这个过程中，你要梳理即将到来的一天，并回顾昨天的情况——持续反思自己昨天取得了哪些成果，今天打算做什么，以及是否存在任何阻碍因素。这三个关键概念确实帮助我取得了一些有意义的进展，也让我有能力去"开始"做一些事情。我希望你也能开始思考这个问题。我们来讨论一下。找一个你觉得适合自己的时间，并确保每天都要问问自己：

（1）我今天打算做什么？

（2）我昨天取得了哪些成果？

（3）我面临的阻碍因素有哪些？

通过践行本章中的这些要点，我们可以获得许多非常积极的成果。找到一种机制，让自己能够因为完成了新的或关键的事情而主动给予自己"肯定"，这对你的自尊心非常有益，也有助于我们了解自己的内心世界。

看，我不敢保证自从我认真开始执行日常计划以来，每周七天都能完全做到，但我可以说，平均下来，七天里我能做到六天。而且说实话，这彻底改变了我对待生活的方式。

此外，我无法形容我的"出门清单"在降低我日常压力水平方面起到了多大的作用！！！

第九章 少即是多

生活中有太多让人分心的事物了——来自他人、电子设备，或者是那些看似积极，实则可能会让你偏离正轨的建议。那么，该从哪里开始改变呢？我将提供一些灵感和建议，告诉你如何果断地确定优先事项，以确保你的目标、策略和项目能够实现，并产生有意义的影响。

其他人是如何突破的

在我的成长过程中，我学到的一个道理是，要始终做真实的自己，绝不要让别人的话干扰你去实现自己的目标。

——米歇尔·奥巴马（Michelle Obama）

你可能在想……

你说："要做的事情太多了，我甚至都不知道该从哪里开始。"

> **我说：**"你不可能一下子把所有事情都做完——把事情分成小块，然后选一件，随便选一件就行。"
> **你说：**"但要是我错过了一些很棒的事情怎么办呢？"
> **我说：**"如果你试图什么都看在眼里，那你更有可能会错过对你来说美好的事物。"

哇！事情真是太多太忙了，不是吗？有这么多项目要做，邮件要回复，电话要回拨，提案要撰写，生意要开创，还有各种社交场合，比如喝咖啡、喝酒聚会等，更不用说家人、朋友、健身，以及那个你一直没来得及整理的橱柜了。所有这些事情都在消耗你的时间、精力和资源。你该从哪里入手呢？

到目前为止，说"不"是这个世界上最难的事情之一，但如果我们能够学会说"不"，那就没有什么能阻挡我们了。把"不"当作你最好的朋友吧。就像它的近亲"失败"一样，"不"实际上并不是一个消极的词。它是一个积极的表述，是一个决定。它不是关上一扇门，而是选择另一条道路。"不"这个词理应受到无与伦比的尊重。

但是，天呐，说"不"真的太难了！太难了！"我的意思是，也许我可以做。""让我看看能不能挤出时间来做这件事。""嗯，我想我稍后可以做这件事。""也许我应该做？""要是我错过了什么好机会怎么办？""要是我总是对某件事说'不'，这样做对吗？要是我因此错过了一些很棒的事情怎么办？"

很纠结，不是吗？在这一点上我们都感同身受，所以让我们花些时间认真探讨一下这个问题。本章将探讨一个具有挑战性的话题，即如何以一种独特的积极方式学会说"不"，或者将其作为一种力量来挑战你的先入之见。

我们将讨论为什么我们常常会因为受到干扰和他人的影响而偏离自己的轨道。让我们学会对那些让我们无法专注于自己认为该做之事的诱惑说"不"。我们将再次通过一些实际的例子、想法和框架来进行探讨，供你尝试，并找到你自己与"不"的关系——在什么情况下、什么时候你需要说"不"，以及如何应对艰难的对话、未知的情况和人生的岔路口。

作为一项技能，学会说"不"对于释放你的潜力至关重要。专家和顾问们在这个问题上常常给出一些令人困惑且相互矛盾的建议：有的说要学会说"不"，有的则说要反其道而行之，对一切都说"是"。难怪人们会感到困惑。让我们来探讨一下这些策略，看看哪一种可能会引起你的共鸣吧。

学会对自己说"不"

学会对自己说"不"的一个非常有效的方法是——虽然这个方法有点争议——在你完成一次又一次冲刺以及长年累月工作的过程中，试着对更多的目标说"不"。有些专家会说，每完成一个目标，就设定一个新的目标。但对我而言，随着时间的推移，我发现这种方法对我并没有帮助。当然，你完全可以不同意我的观点，并且就按照这种方法去做，但让我来解释一下为什么这样做是危险的。我猜，与我一样，这可能是你第一年真正努力专注于一系列你想要实现的事情。你可能以前也设定过短期目标，并试图重新集中精力，但这次的目标比以往的都要宏大。通过设定如此明确的"目标自我"的个人愿景，以及你现在正在努力完成的相关目标和任务，你已经承担了很多——希望这一切都是积极的，但你需要支持自己，并坚持完成你正在做的事情。

当然，如果你觉得某些目标和任务不再与你的总体愿景相符合，你可以利用季度回顾（或者你想要的任何频率的回顾）来调整它们，但不要忘记这是一个"有进有出的系统"——你可以做出调整，但在目标和任务的相对数量上应该保持相当。

在前进的道路上，你还会遇到一些意想不到的挫折——一些你无法预测的事情。这并不是消极的表现，而是一种积极主动的态度——如果你在心理上为这些情况做好了准备，它们就不会像原本可能的那样让你偏离正轨。不过，不要陷入对那些你无法控制的事情的"预先担忧"中——这绝不是我在这里的意思。我的意思是，你要明白事情不会总是一帆风顺，但同时也要知道，你会尽快重新振作起来。在你意识到之前，这些挫折可能会打乱你一系列的工作安排——为了实现你的"目标自我"的个人愿景，你可能会因此浪费掉一年中的一整个月甚至更多时间。所以，给自己留一些余地，不要被诱惑着不断增加任务量。

> **现在，只做一件事**
>
> 尽管我希望你尽量不要在这一年里给自己安排过多的目标，但如果有任何新的目标可能在未来可行，一定要把它们记下来，将其列为未来某一年的备选目标（距离你上次需要列一个新的清单已经过去好几段内容了，来吧！）。

现在，如果某件事情确实让你觉得迫在眉睫需要处理，这里有一个小小的变通方法。如果你迅速完成了所有为实现目标所需的工作，你可以决定做以下三件事之一：

（1）开始着手另一个目标或一系列任务，以便"为下一年提前做好准备"。

（2）抽出一些时间休息一下，恢复精力（这是首选！）。

（3）给自己一个"奢侈"的机会，去做一些原本没有计划但会对你未来的"目标自我"产生积极影响的事情。

有趣的是，选择（3）可能会带来一些非常有趣的惊喜。后来，我成功地完成了许多我原本没想到自己会做的事情——例如，我戒掉了每天喝 10 杯咖啡的习惯（现在只喝一点点了！）。

对各种干扰说"不"

你完全有理由对干扰说"不"，事实上，这是实现你想要达成的目标的必要条件。把抵制干扰想象成你在生活中对极简主义的个人追求——你希望有更少的事情来打扰你，争夺你脑海中的空间和你的注意力。

避免工作环境对你的干扰

有时候，你需要先制造一些混乱才能把事情清理干净。不久前，在我休完一段愉快的假期回来后，在开始按照我在本章中建议的这种新的工作方式工作之前，我看到我家的办公室一片狼藉！有包装纸、收据、盒子、文件和闪存盘。我看着这一切，感到有点沮丧；甚至一想到要鼓起干劲儿去清理它，我就觉得没有动力。最终，在我们的好朋友"拖延症"的"大力帮助"下，我花了半天时间把它清理干净，同时也减少了干扰因素。这意味着我的桌子上只放我真正需要的东西——一台显示器、一个键盘和一个鼠标。甚至我的文件托盘，以及像人偶这类有趣的东西，都被移到了我的视线之外。通过清理这堆杂乱的东西，并在我准备好的时候把它们整理好，我获得了新的动力。开始这个清理过程的关键是要知道什么时候"够了就是够了",并且要意识到这些干扰正在阻碍你实现自己想要达成的目标。所以,如果你已经处于或者超过了"杂乱无章"的边缘(或者你能看到它像《疯狂的麦克斯:狂暴之路》㊀里的场景那样迅速逼近),那么是时候整理一下了。当然,你的风格可能是故意"杂乱无章"的——也许是那种"富有创意"的凌乱书桌?这并没有什么错,只要你能始终保持专注就行。

但是,如果我们换一种方式来看待这些事情呢?现在就采取一些行动,在你当前的工作环境中尝试做以下这些事情:

- 整理你的书桌,直到一切都井然有序(如果它真的很乱,在你进行回顾时,可以考虑把这作为"变得更有条理"的目标的一部分!)。把旧文件拿出来分类整理,如果再也不需要就归档或者销毁——关键是要让它们从你的视线中消失。

- 现在真正地清理一下你的书桌——用你的环保清洁剂喷洒桌面,别忘了也清洁一下你的键盘和鼠标!

- 当你像我一样重新整理书桌时,花点时间评估一下——你的桌面布置是否让你感到舒适?如果你没有家庭办公室,至少你有一把合适的办公椅吗?还是你正坐在一把

㊀ 一部澳大利亚电影,被视为澳大利亚电影在国际影坛的标志性IP之一。——译者注

塑料折叠椅上？也许是时候买一把符合人体工程学的椅子了。厌倦了到处都是电线吗？用扎带把它们捆在一起或者把它们藏起来。如果你总是弓着背看笔记本电脑，那就买一台显示器吧。我也强烈建议你买一盏台灯放在桌子上，增加一些光线。

- 即使你唯一可以工作的地方是厨房的餐桌（这也没什么错——一些最伟大的书籍和公司都是在厨房诞生的），当你坐在那里时，你也应该至少感觉"准备好"了，理想情况下甚至应该有点兴奋、充满动力和灵感，想要开始工作。

- 如果对你有效，有些人建议挂一些有助于开阔思维的图片，并且如果可能的话，尽量坐在有自然光的地方，能看到户外的景色，旁边也许再放一些室内植物！如果你需要存放大量的文件和物品，那么考虑买一个新的书架来放置它们，用文件夹（也许可以用颜色编码）存放对你有意义的东西，或者买一个文件柜——但记住要把单个的物品从你的视线中移开。

- 如果你没有厨房餐桌，还有沙发（不过请不要把电视遥控器放在旁边）或者你的床（注意你的姿势！）可以选择，但真的尽量把这些作为最后的选择，除非它们恰好是你感觉最舒适、最有灵感的地方。这一切都在于尝试不同的方法，找到适合你自己的方式。

有些专家会认为这种活动有点像是一种拖延战术，实际上并没有让你做任何能取得进展、实现目标的事情，但我认为以这种方式减少干扰并没有什么坏处。如果你在这一切中还要努力平衡家人的时间，那么一个有趣的做法是让家人参与进来，帮助你完成这项活动。

避免电子设备对你的干扰

接下来的这个活动需要在离线状态下进行。如果你已经很长一段时间忽略了你的电子邮箱，但它们却在你的脑海中逐渐成为一个"小刺"，那么关掉你的无线网络，有意识地离线清理所有邮箱，回复你真正需要回复的邮件，如果你需要保留旧邮件，请将它们归档，但尽量删除你可以删除的邮件！如果情况真的很糟糕，那就把这作为你一整天唯一要做的事情。确保只有当你为实现自己的目标采取行动时，或者当你做一些最终会给你带来积极结果的事情时（包括解决一直困扰你的问题，或者为一段关系注入一些正能量），才发送回复邮件或者撰写新的邮件。

就智能设备而言，你要尽量减少它们干扰你的机会。我们已经讨论过这些设备是如何成为干扰的"罪魁祸首"的。我曾鼓励你在睡觉的时候把手机调成飞行模式，说实话，我真的建议你在处理待办事项清单时，或者在任何你需要真正专注于某件事情的时候，都保持这种状态（将手机调成飞行模式）。如果你不忍心把手机调成飞行模式，至少把屏幕倒扣过来，这样你就不会看到那些不断弹出的通知了。

避免他人对你的干扰

有时候，一些好的事情也可能会让人分心。它们可能是基于善意的，但确实会分散你的注意力。当有人向你求助时，他们可能是真心需要你的帮助和建议——但这可能并不是你现在所需要的。你需要的是尽可能地掌控自己的日程安排和工作流程，所以当有人打断你时，对他们说"不"是可以的。没必要对他们大发雷霆，只需温柔地解释说你正在忙某件事情，并询问是否可以稍后再讨论（或者在你知道自己完成手头事情的时间）。

还有另一种情况，此时"不"意味着"可以，但不是现在"。你可能不想仓促做决定——关键是不要让它分散你的注意力。当有人提出请求时，可以简单这样说："我真的在专注于我正在做的事情，我想给你足够的时间和精力来处理你的事情。你能给我发封邮件或发个短信，告诉我你方便的时间，然后我们定个时间来好好讨论这件事吗？"

多尝试说"不"

这只是一个你可以在生活中普遍尝试的实用建议。你每天都有很多机会说"不"——如果你和我一样,总是出于好意对大多数事情说"是",那么你会发现说"不"的机会比你想象的要多得多。如果有人说"很抱歉打扰你,你有一分钟时间吗?",试着说"不"。

开始培养这种行为的关键是要增强一些自我意识。要意识到那些你本可以说"不"但却没有说的时刻。

在通常会说"不"的时候尝试说"是"

很多专家都写过关于这一点的内容——做与你通常所做的相反的事情。这是一个充满挑战的领域,所以让我们慢慢来。

当我们讨论关于我们自己的"故事"时,我们可能已经意识到,我们会对自己说一些诸如"我做不到那件事""那不是我会做的"或者"他们会怎么想呢?"之类的话。这是我们内心的声音,它可能会告诉我们对一些意想不到的事情、一些超出我们舒适区的事情,或者只是一些我们从未想过自己会去做的事、会去说的话、会去的地方说"不"。

认真考虑这些提议,同样地,如果觉得说"不"是正确的选择,就不要害怕说"不"。然而,倾听你内心深处的声音——这个机会是否触动了你内心的某些东西?当你可以尝试新事物的时候,你是否还是按照以往的模式行事,做着你一直做的事情呢?

在不确定的时候学会询问更多信息

这是一项需要学习的关键技能,它真的可以帮助你在说"不"的过程中做出正确的判断,并且让你意识到什么时候你可能会错过一个成长的新机会。

这是我在生活中一直容易犯错的一个方面。我的本能反应总是"好的,太棒了——我们做吧",而没有停下来思考这是否适合我,或者我是否只是为了"取悦"别人而这样做,把它当作我自己"故事"的一部分。

实际上有很多种方式可以询问更多信息。我知道对很多人来说,承认自己不明白某件事情可能很难,因为他们担心这会在某种程度上让自己显得很软弱(这根本不是真的——事实上,我认为这样做是一种力量的象征),但你可以使用一些策略。例如,在开会时,有人快速地讲了一个你不理解的话题,你可以礼貌地打断他们,让他们再讲一遍。如果你觉得这样做让你感到不舒服,你不需要明确地说"我不理解",只需要让他们重复一遍或"讲得更详细一些"。另一种方式是通过书面形式。如果有人给你发了一些你不完全理解的东西,你可以总是表达对它的兴趣,并向那个人询问更多信息,从而展开关于它的对话。提出问题——人们喜欢回答问题!

每日执行计划的步骤

如果正确运用,说"不"可以成为你生活中一股真正强大的积极力量,给你带来良好的改变。说"不"的好处在于,它是可以实际检验的——你不需要像我在本章中建议的某些事情那样"全力以赴"。然而,对于与之相关的"干扰"这个话题,没有任何妥协的余地——当你准备好致力于做某件事情时,你需要不惜一切代价避免干扰。要像躲避瘟疫一样抵制干扰。

本章每日执行计划的步骤如表 9-1 所示。

表　9-1

步骤	要做的事	反思与进一步拓展
步骤 1	列出一份"明年"的目标清单,涵盖那些你今年不想用同等目标替换的事项	在这个清单中你看到什么规律了吗?你能察觉到自己对于未来能实现多少目标的态度有变化吗
步骤 2	留意那些会分散你注意力的事物,并把这些干扰因素列成一个清单,以便你日后参考	制订一个个人计划,明确当分心情况发生时,如何立即重新集中注意力
步骤 3	本周尝试说五次"不"	感觉如何
步骤 4	尝试对一件你通常会说"不"的事情说"是"	这让你有什么感受
步骤 5	如果你不确定,诚实地表达出来并询问更多信息是可以的	打破这种行为模式感觉如何?下次再询问时,你会觉得更自在吗

我个人是如何突破这一困境的

感谢你读完了关于"不"的一整章的内容,关于说"不"这方面的建议似乎相当令人困惑:学会说"不",不要说"不",对那些你原本会说"不"的事情说"是"。

你需要练习说"不",就像你去健身房锻炼一样。一天当中,会有多少次有人走到你面前,开口就是"我打扰你了吗?""你能不能……?"或者"你介意……?"这样的话呢?而你脱口而出的第一句话是什么?如果你和我过去(现在有时依然如此)的情况一样,很可能会是:"当然可以。"然后你就停下了手中的事,思路也被打断了!你表现得很友善,但这给你带来了什么呢——或者说,给对方又带来了什么呢?学会通过提出要求来给自己留出高质量的时间。我意识到,很多时候我过于急切地想要帮忙,实际上并没有真正帮上忙。我也更擅长找到其他方式来表达"不"。例如,如果你当下不方便谈论某件事,可以试着说"抱歉,我现在真的需要集中精力,我们能稍后再谈这个吗?"这样的话;或者当面对一个你知道自己不应该做的选择时,可以说"通常我会的,但是……"或者"我希望我能做到,但恐怕……"。比起可怕的"不"字,你可能会觉得这些更温和、稍微更礼貌的表达方式让你感觉更自在!

第十章 F 专注与失败

其他人是如何突破的

> 当我说"在生活中谁勇于尝试得最多,谁就能胜出"时,人们觉得我在开玩笑。但我可不是在开玩笑……
>
> ——泰·洛佩兹(Tai Lopez)

本章将重点探讨如何接受和应对失败,并从中吸取教训,从而取得巨大的进步。我们现在正在进行大量的深度学习,我相信即使只是读完这些章节,也很难保持专注。但是,只有持续不断地集中精力,你才能形成持续的动力,同时也能更加了解自己。我们也不应该仅仅依靠自己——我们可以寻求导师的帮助,我们需要学会在短时间内以高强度的方式(即冲刺)开展活动,以不断前进!

专注于创建一个适合你的待办事项清单

我们都知道"待办事项"清单这回事——它很快就会写得满满当当,因此根本不可能全部完成。

这里的关键是要避免创建我所说的"待办事项清单的待办事项清单"——你懂的,就是"我必须整理出一个待办事项清单,来列出我需要做的所有事情"。如果你需要这么做,那就说明你要做的事情太多了!

有许多关于提高效率的理论可以指导我们处理这个问题。例如,"艾维·李方法",据说在1918年由查尔斯·M.施瓦布(Charles M. Schwab,当时世界上最富有的人之一,他喜欢寻找超越竞争对手的优势)和顾问艾维·李(Ivy Lee,一位成功的商人,也是公共关系领域的关键人物)实施。这是一个很长的故事,如果你想深入了解,在无数关于这个主题的博客中都能找到相关内容,但基本上就是李先生被邀请向施瓦布先生的高级管理人员讲述,通过实施一个简单的流程,他们如何能够达到最高的工作效率。在每个工作日结束时,他建议写下明天需要完成的六件最重要的事情,并按顺序排列优先级,而且绝对不能超过六项任务。他建议,你应该只集中精力完成第一项任务,在完成它之前不要去做第二项任务——每天都重复这个过程。

那么,这有什么难的呢?嗯,很快,我们的待办事项清单就会变成10条、20条、50条,对吧?我们试图完成清单上的所有任务，但从来都做不完。我们有了新的想法，就会添加、迭代、扩展清单内容。而且，通常情况下，我们很不擅长估计我们精心记录下来的任务需要花费多长时间，不是吗？我发现，我每天常常需要花费整个上午的时间才能完成第一项任务，这当然会导致待办事项清单上的任务顺延到明天，而且很可能还会顺延到后天。因此，有人可能会认为，待办事项清单实际上让我们逃避了重要的事情，或者可能对我们生活产生最大影响的事情，也许，我们用它们来拖延做我们不想做的事情——困难的事情。

在这种情况下，你清单上今天应该完成的一件事，很可能就是你不想做的那件事——它是最难的那件事。通过处理并完成它，你绝对可以改变你的一天——这会让你如释重负。在你完成当天的冥想或感恩练习后，尽快着手处理这件事，真的会对你有帮助。按优先级排序的待办事项清单如表 10-1 所示。

表　10-1

事件顺序	按优先级排序的待办事项清单
1	
2	
3	
4	
5	
6	
7	

(续)

事件顺序	按优先级排序的待办事项清单
8	
9	
10	

许多写过这个主题的人并不总是能考虑到生活中经常会遇到的复杂情况、紧急事件和意外情况。然而，首先限制你需要做的任务数量，这一点几乎是大家都认同的。

重新审视你的待办事项清单——你今天/明天真正需要完成的是什么？哪五件事情会真正推动你前进？

> **现在，只做一件事**
>
> 我们都喜欢计划做很多事情——本章的核心思想就是鼓励你这么做！但我也建议你要对自己能做的事情保持现实的态度。试着每天从你的待办事项清单中挑选五件真正有意义的事情去做，然后看看你会取得多大的进步吧！

学会测试与学习

我读得对吗？我写得对吗？是的！好，让我们深入探讨一下——"测试与学习"到底是什么意思呢？对我来说，我更愿意从"测试"的角度去思考,而不是每次必须把所有事情都做对!"测试与学习"是一个从零售商、金融服务机构和其他以消费者为中心的公司的一些营销实践中衍生出来的概念,它与前面的章节相关,因为它是一种你可以自由尝试新方法来完成任务的方式。目前我们不需要过于纠结于仔细衡量新变化的效果——我们只需看看感觉如何,并尝试一些新的东西。

我们已经研究了如何做好更充分的准备,如何进行规划,不要事先过度思考或过度规划,先开始行动,然后在开始之后通过反思进行完善。这就是迭代——你已经在这么做了,所以让我们把它提升到一个新的水平。

我认为,你能做到最好的一些事情并不需要花费很长时间。你有多少次推迟做某件事情,不管它是大是小,是有趣还是平淡无奇,然后最终鼓起勇气去做了呢?你感受到的最强烈的感觉是什么?满足感?可能不是。更像是"嗯,原来这也没那么难嘛"。也许你还会对自己说:"你真是个傻瓜。为什么花了这么长时间呢?"

我发现,在我的生活中,我做所有事情都是以迭代、分块和短时间高强度活动的方式进行的。与其把自己想象成马拉松选手,不如更多地像尤塞恩·博尔特那样。为了实现"目标自我"而跑一场马拉松并没有错,但通过短时间高强度的活动来取得快速进展也没有错。

采用迭代方法的另一个好处是，它本身就是一种支持学习的方法——当然你对于正在尝试做的事情有一个"目标"，但是，即使是以冲刺的方式工作，有时你也无法完成所有事情。你会认识到有些事情你需要改进。让我们更详细地探讨一下这个问题。

以短时间高强度活动（冲刺）的方式思考

其他人是如何突破的

成功实际上是一场短暂的赛跑——一场由自律推动的冲刺，其持续时间只要足够让习惯养成并发挥作用即可。

——加里·凯勒（Gary Keller）

在敏捷开发中，冲刺或"迭代"本质上是基于固定的短时间段，在这段时间内，工作被分解为一系列行动。这些时长限定的冲刺是固定的，以确保我们一直倡导的严谨性能够定期得到贯彻——所以时长不超过一个月，最常见的是两周，然后跟踪进度并重新规划。跟踪的主要方法和你一直在做的每日自我梳理是一样的（在敏捷开发中称为每日站会，显然参与的团队成员不止你一个人！）。

在你选择的任何"冲刺时长"开始之前，我希望你开始做这样一件事：从"冲刺规划"开始——这是一项特定的活动，旨在定义一些可能会引起你共鸣的有用概念。

通常情况下，你会制定一个冲刺"待办事项列表"——这个概念是指在冲刺结束（"冲刺目标"）之前，确定你认为在这段时间内可以完成的一系列任务/工作。这项工作应有助于实现你"目标自我"的个人愿景中的年度目标。每次冲刺结束时，都要进行一次冲刺回顾，回顾进展情况——"勾掉"你已经完成的事情，同时总结经验教训，以便为下一次冲刺提出改进建议。再次提醒，记住，你可能不会在每次"冲刺"中都取得成功，但这没关系——只要从中学到东西就好！在这次冲刺中你没有完成什么？下次进行冲刺时，利用这次的经验教训重新评估你对自己能够完成的事情的预估。

如果这样做让你感觉舒服且可行，还有一个可能帮助你更上一层楼的敏捷（Agile[⊖]/Scrum）原则，它强调在冲刺结束时创建（或"交付"）一个可用的产品，以证明工作确实已经完成。在软件开发领域（这种方法主要源自该领域），这通常意味着产品已经过全面测试、集成和记录。如何应用这一点呢？对于你认为有可能在一次冲刺中完成的任务，对其基本规划的一个扩展是，把重点放在任务分组上，这些任务在逻辑上是相互关联的，当它们组合在一起并完成时，就构成一个"完整"的成果。当然，这并不意味着"完成"，因为你的很多活动可能需要你花一整年的时间来完成，但也许是完成了某件事情的一个

⊖ Agile：在方法论和管理领域中，它是一种以灵活迭代、快速响应变化为核心的工作方式，最早起源于软件开发，后广泛应用于项目管理、产品研发、市场营销等多个领域。——译者注

"部分"：比如一本书的一个章节（或者一篇论文！）；一个新的基础网站，它有多个页面，所有链接都能正常工作，所有内容都已就位，即使你知道你将在适当的时候对其进行改进并创建更多页面；或者也许是一个有内容的社交媒体账号？

另一个值得考虑的有趣概念是，挑选目标和任务，并对它们的范围和性质以及它们是否可以被拆分或以不同的方式处理（在敏捷开发中称为"细化"）进行一些细致的思考。你甚至可以选择把一些想法放回你的"待办事项列表"（你知道自己想要/需要做，但在一次冲刺中还没有涉及的事情）中。

我知道这有很多内容需要消化，但基本原理相当简单明了。根据到目前为止你从为实现目标所做工作中获得的经验以及你生活的总体情况，确定你的"冲刺"或迭代时长。经过多次尝试和调整后，我确定为两周。在每两周的开始，进行一次更详细的每日规划会议，以确定你打算首先处理的目标，以及你已经知道与该目标相关的任务。思考一下这些任务是否"合适"——它们是否可以进一步分解？回想一下，有没有什么事情你可能想要调整和改变？你的定期回顾（我每季度进行一次回顾，你可以选择更频繁地进行）中，有没有你想要应用的经验教训？

哪些方面进展顺利

当你在前进的道路上到达一个中间的休息点时，在每一段工作结束时，请记住，你应该进行一次回顾。最好的方式是把它看作你在工作中从未真正进行过的评估——你本打算在下一个活动开始前进行的活动评估，或者本应更注重实际反思但却变成只是填写一系列幻灯片的季度绩效评估！

那么，让我们挑选出你在这第一段工作（可能是一周、一个月，但我猜对你们中的许多人来说更可能是六周）中的亮点。哪些方面进展顺利？新的日常习惯是否已经很好地养成了？与你设定的目标相对应的各个任务进展如何？如果你和我一样，你可能会觉得有些任务"比我预期的要容易"，而更多的任务则是"花了我很长时间才完成"或者"完成了，但真的低估了它的难度"！这完全是可以预料到的。在你前进的过程中，密切关注那些让你满意的事情。

在你对自己过于苛刻之前，我猜你至少已经设法完成了一件事情，对吧？那么，进展顺利吗？你发现了一个你喜欢的新播客？太棒了！你至少成功完成了一个目标，并且现在已经开始收获成果了吗？做得好。

你已经迈出了一步——一大步。尽管现在你可能很难体会到这一点，但你已经向自己证明了你可以致力于某件事情并坚持到底。恭喜你！（看，别人已经在认可你了！）

哪些方面进展不顺利

现在让我们深入探讨一下回顾中一些不太乐观的方面。你有没有发现我们在第七章中提到的那些阻碍因素又回来困扰你，阻碍你的进展了？

我建议重新阅读你的"刺儿头"清单，看看是不是这些因素在作怪。记住，这些人、事或感觉是你"拥有"的——它们在你的（我的？！？）清单上！说真的——我知道这很难，但即使能够将这些"刺儿头"与具体某项任务缺乏进展联系起来，也是一个令人难以置信的突破，不是吗？现在你知道自己为什么会卡住了，或者为什么没有像自己希望的那样坚持到底了吧？这很棒，不是吗？

好的，在清楚地记住这些"原因"之后，现在再深入思考一下。对你来说总体情况是怎样的呢？除了做事情的"任务"层面，其他的感觉如何？你在"做事"的同时，也在享受学习的过程吗？

你有没有回顾你的"每日计划"并尝试调整一些事情，还是只是坚持原来的计划呢？我欣赏这种坚持，但如果某件事情特别不顺（不是那种"哇！做 x 事情很难"的感觉，而是真正的"我对事情的进展方式一点都不满意"的感觉），那么就试着调整它——多尝试一点或者少尝试一点，看看会有什么结果。不要把处理进展不顺利的事情看作是消极或失败的事情。

更好的"高质量"时间管理

其他人是如何突破的

想想你的工作。有多少时间是在你等待别人完成他们的工作时、等待信息传达时,又或者是因为你试图同时做太多事情而被浪费掉了呢?也许你更愿意一整天都在工作——但对我来说,我更愿意去冲浪。

——杰夫·萨瑟兰(Jeff Sutherland)
《SCRUM:用一半的时间做两倍的事》

归根结底,无论你做了多少规划和"准备工作",你都必须做一些能让你更接近"目标自我"的个人愿景的事情。这意味着你要坐在你的笔记本电脑、平板电脑、打字机或笔记本前,努力完成各项任务。即使你按照我的建议,每天只完成三到五个关键行动,你仍然有可能超时并且分心。

所以,如果这些建议有用的话,这里还有一些小贴士来支持你的日常实践——并确保你最大限度地利用你投入到那些有助于你实现"目标自我"的个人愿景的发展任务上的时间。

根据托尼·施瓦茨的《精力管理》中的说法,我们通常并没有很好地安排我们的一天。例如:

- 只有三分之一的人会真正地吃一顿午餐——顺便说一下,这可不是指边工作边在办公桌前吃饭!

- 一次短暂的休息(30秒到5分钟)可以让你的思维能力

平均提高 13%。

- 作为人类，我们每隔 90 分钟会自然地从全神贯注、精力充沛地投入一项任务转变为生理上的疲劳状态。

- 最有效率的人实际上会工作 52 分钟，然后休息 17 分钟。

有趣的是，同样根据施瓦茨的说法，同时处理多项任务会使你的工作错误率增加 7%～9%。那么，我们如何应用这些方法呢？"番茄工作法"是弗朗西斯科·西里洛在 20 世纪 80 年代后期开发的一种时间管理方法，其建议：

- 确定要完成的任务；

- 将计时器设置为 25 分钟；

- 专注于该任务，直到计时器响起；

- 进行 5 分钟的短暂休息；

- 重复四次；

- 进行 15～30 分钟的较长休息！

你觉得怎么样？让你产生共鸣了吗？如果是这样，你猜怎么着——试试看！在很多情况下，分心是你的敌人，这种方法可以让你集中精力，不要分心，因为你有一个计时器在督促你！

然而，我的建议是，根据实际情况应用这种方法，并规划好你专注于任务的时间。我还建议抓住"小机会",在你每天预留的时间之外,进行实质性的工作——例如,在你"开始日常工作"之前的通勤时间。这些可能是集中精力的好时机。不过,提醒一下——我实际上是在一列开往伦敦的泰晤士连线火车上写下这一段内容的,结果我坐过站了!

从这件事中得到的教训是:我确实因为各种正确的原因进入了一种真正的"心流"状态,但结果却很糟糕,因为我没有在规定的时间内规划好我的工作。我的意思是,我至少本可以在手机上设置一个闹钟之类的!我仍然按时参加了上午10点的会议,但我有点儿更紧张了,注意力也有点儿不集中,没有回顾我希望从会议中得到什么,而且表现得比预期的要随意得多。

理解紧急与重要的区别

哇!这是一个很重要的点!艾森豪威尔矩阵[⊖](见图10-1)提供了一个框架,用于在实际执行任务时判断一个常见的问题——哪些事情是紧急的,哪些事情重要的。

⊖ 艾森豪威尔矩阵(The Eisenhower Matrix)也叫紧急 – 重要矩阵(Urgent-Important Matrix),是一种任务管理系统,它能根据任务的紧急程度和重要性来划分优先级。该矩阵将任务分为四个象限:紧急且重要、重要但不紧急、紧急但不重要、既不紧急也不重要。在时间和任务管理中,当因任务优先级划分不当而产生问题时,艾森豪威尔矩阵是很好的解决办法,它能助力合理安排任务与时间。——译者注

	紧急	不紧急
重要	做 立即去做	决定 安排时间去做
不重要	求助 谁能帮你做这件事	删除 不去做它

图 10-1

就其价值而言，我处理这个清单的顺序如下：

（1）紧急/重要——就像图10-1中所说的，立即去做，并在你的每日任务清单中首先做这件事。

（2）不紧急/重要——决定你是否想安排时间来做这件事。这是一个很难的选择——我总是会问"为什么"它不紧急，因为通常在这些清单中隐藏着未来关键的工作！如果不处理它，它会变得紧急且重要吗？对我来说，这将是"待办事项"清单上的第二项。

（3）紧急/不重要——根据这种方法，这是一项潜在的"求助"任务。但从个人角度来看，这些事情往往比表面上看起来更"重要"，所以确实要考虑你是否可以自己做这件事，或者只有在你有可以信任的人能帮你完成的情况下才去求助。这将是"待办事项"清单上的第三项。

（4）不紧急/不重要——就像它本身所表明的那样，删除！！说真的，你需要尽量减少你关注的事情，所以这是一件很容易去除的事情。

失败并非真正的失败

字典中对"失败"的定义——从字面上看，意思是缺乏成功，或者忽视或遗漏了预期或必要的行动。它的一些同义词同样带有负面意味：失败、挫折、崩溃、挣扎、一事无成或功亏一篑。另一种定义将失败描述为不遵守基本规则。

哇！难怪我们都如此害怕失败。是时候重新定义什么是失败了——以及它对你来说意味着什么。

第一次没有把事情做好是没关系的。

第二次没有把事情做好也是没关系的。

事实上，即使你花了很长时间才达到目标，这也是没关系的——这是一个非常宝贵的学习机会。它让你变得更强大。你不会再用同样的方式做事了，不是吗？你会尝试新的东西（"测试与学习"），你会以稍微不同的方式去做——你甚至可能最终做得更好。

其他人是如何突破的

我已经取得了很多成果！我知道了几千件行不通的事。

——托马斯·A. 爱迪生（Thomas A.Edison）

还记得我们在关于阻碍因素和释放你的能量的讨论中提到的内容吗？没有人能左右你所做的事情，除了你自己，也没有人会评判你（如果有人评判你，那是他们需要处理的问题，而不是你的问题）。没有必要把你没有做成某件事看作失败。相反，这是一个成长的机会，所以，像往常一样，笑一笑，振作起来，让我们在下一次冲刺中继续努力。

把工作划分成易于管理的阶段来做，这会带来巨大的改变。它能抑制人们一股脑儿承接大量任务的冲动，避免陷入周而复始、永无止境的忙碌状态——我敢肯定，我们都有过这样的经历。对我来说，养成定期回顾事情进展的习惯极其困难，我总是一头扎进新任务里，而不是真正去回顾事情的发展情况。倒不是说我从不回顾反思，只是我无法保证每次都这么做，也不能保证每次都把总结的经验应用到实际中。养成更好的任务管理习惯也很关键，它能成倍提高你的工作效率。至于把失败看作消极的事情——绝对不行，以后再也不会这样想了，没门儿。

考虑找一些导师

其他人是如何突破的

独自一人，我们能做的少之又少；携手共进，我们能做的数不胜数。

——海伦·凯勒（Helen Keller）

关于需要导师来帮助我们这一观点，已经有很多相关的论述了——然而，实际上我们中很少有人拥有一位正式（或非正式）的导师。为什么会这样呢？我认为，这还是因为我们总盯着需要帮助这件事所代表的"弱点"。我们觉得自己应该无所不知，不应该需要别人的帮助。为什么我们就不能从自身找到力量呢？对我来说，这里的关键在于，我们需要有值得信任的人来帮助我们突破这种极其局限的思维。我们为什么就该知道所有答案呢？我们又为什么不该需要帮助呢？

问问你自己，你是否知道所有问题的答案——真的问问你自己，你相信这是真的吗？我猜你们当中 99% 的人都能承认自己并不知道。这完全没有问题。事实上，花点时间接受这个想法——大声地说出来："我并非无所不知，我需要一些帮助——这没什么大不了的。"试过了吗？你们当中有多少人犹豫了呢？我记得我第一次这么做的时候就犹豫了。实际上，最开始的几次，我根本说不出这些话——我内心抗拒着这样一种想法，即我无法靠自己完成实现所有目标所需做的一切。我当时想，只要我再专注一点，再努力一点，一切就都会顺利解决。事实是，专注和努力固然重要，但我们也同样需要他人的指导和支持。

所以，就听我的吧——承认你需要帮助，也承认你并非知晓所有答案（也许甚至连一些答案都不知道！），因此，找个人来帮你厘清思路可能会很有帮助。

我从三个方面来定义那些帮助我实现个人专注目标的导师：

- 虚拟导师。
- 现实导师。
- 想象中的导师。

虚拟导师

我们在前面已经讲了很多关于通过阅读、学习以及观看视频来帮助你实现目标的内容（见第四章），但为了让你树立正确的心态，我鼓励你尽早确定那些能与你产生共鸣、可以成为你"虚拟导师"的人。这些人不一定是你与之亲自交流过的（尽管许多励志大师确实会就他们独特的理念提供辅导课程和"大师班"），但他们是你可以关注并将其当作导师的人。你可以学习他们的经验，或者通过了解他们如何打造自己的成功故事来向他们学习。顺带一提，我也会以某些人为例，提醒自己"不要成为那样的人"。我不会在研究他们的事情上花费太多时间，因为我觉得这是一种有点冒险的策略，这可能会让我陷入仇恨和消极的黑暗面——但有时候，有一个明确的反面例子来提醒自己不想成为什么样的人，还是挺有用的。

现实导师

现实导师是那些你可以在现实生活中见到的人（尽管你也可能通过视频通话与他们交流），你可以和他们一起探讨你想要实现的目标。现实导师有多种形式。例如，有些人会与普通的"教练"建立联系，这些教练能够帮助他们调整自己的整体态度和思维方式，并充当他们的倾诉对象。这对于那些不善于与他人分享的人来说特别有用。还有些人可能希望找到那些真正做过他们渴望去做的事情的人，以便能够深入询问对方是如何做到的，以及是什么让他们保持成功的。有些人会希望同时获得这两种支持——比如我就是这样——因为这能为你提供各种不同的观点和建议。要找到一位已经在"做你想做的事"的导师，有时可能会更具挑战性。不过，以我的经验来看，人们实际上比他们最初看起来的要容易接近得多，并且他们会愿意在商定的范围内提供帮助。社交媒体的兴起也意味着人们比以往任何时候都更容易被搜索到和联系上——你所需要做的就是鼓起勇气，给他们发送一条礼貌的即时消息，内容大致如下："你好，X。我是Y。我非常钦佩你所取得的成就。我正在寻找一位导师来指导我，帮助我在自己的职业生涯中取得类似的成就。你愿意考虑一下吗？如果愿意，请告诉我安排时间交流的最佳方式。"复制这段话，然后试试看吧！

想象中的导师

为了开始塑造一个强大的"目标自我"，或者说将你的希望、梦想和愿望具象化，不妨想一想那些你所知道的（无论是在世的还是已经离世的）明显能给你带来启发的人——这些人是你无须费太多心思就能想到的人，当你想象着取得成就、变得更像你想成为的人，或者过上你想创造的生活时，他们就会自然而然地出现在你的脑海中。把这些人记下来。写下你喜欢他们的哪些方面——你想要拥有的品质。留意你使用的语言——哪些"特质"是重要的？只管自由联想，写下你的意识流。尽管这可能很难，但不要自我审查——这只是写给你自己看的。不要写你认为在政治上正确或者被普遍接受的内容。如果你渴望得到他们所拥有的物质或财富，就把这写下来。如果你喜欢他们的为人以及他们所坚持的原则，也把这写下来。

对于所有这些类型的导师，关键在于要学会接受建设性的反馈，在某些情况下，还要接受批评。同样，尽管这很难，但我们需要将批评重新看作一种促进改进和进步的方式，而不是失败的标志。把失败看作可以帮助你学习的朋友。弱点所在的领域是可以转化为优点的——你只需要意识到这些弱点，然后加以改进。所以，如果这些导师中的某一位直接或间接地指出了你的一个"缺点"或弱点，请把这看作做出积极改变的绝佳机会。然而，这里有一个重要的提醒：如果你真的觉得自己被评判了，以至于在内心深处你认为指导你的人并不坦诚，那么请相信自己的直觉，转向一个更积极的支持体系。

其他人是如何突破的

重要的不是你摔得多惨，而是你能反弹多高。

——齐格·金克拉（Zig Ziglar）

每日执行计划的步骤

把我的职场生活划分成一系列"冲刺"活动,然后每两周进行一次"暂停"和反思,这真的帮助我实现了自己的目标。你可以选择最适合你的方式,但我发现,只安排一周的冲刺时间虽然可以让你逐步积累成果,但似乎不够长,不足以应对生活中突然出现的意外挑战!

记住——关键是要习惯以迭代的方式做事——把事情分成若干块,设定短期目标,然后进行回顾。接着重复这个过程,不断重复!每日执行计划的步骤如表 10-2 所示。

表 10-2

步骤	要做的事	反思与进一步拓展
步骤 1	在一天开始时(或者如果你愿意,也可以在一天结束时)进行一次简短的自我梳理,问问自己我们在本书中讨论过的三个关键问题:我昨天完成了什么,我今天的目标是什么,以及是什么在阻碍(或"阻挡")我前进	记录下所有一直妨碍你实现既定目标的因素
步骤 2	在推进你的目标和任务时,要秉持"测试与学习"的态度	记住,失败是前进过程中不可或缺的一部分——你不必把事情做完美,而是要通过不完美的尝试来学习如何改进
步骤 3	确定对你来说合理的冲刺时长(例如两周),并开始以这样的时间段为单位来规划活动	记住,冲刺的目标是在规定的时间内尽可能多地完成任务

（续）

步骤	要做的事	反思与进一步拓展
步骤4	专注于进行高质量的时间管理，以确保你能100%专注于一项特定任务	记录下你在试图集中注意力时偏离目标的原因——是否有某些事情反复出现，而你可以去解决它
步骤5	确定你对紧急/重要事务的评判标准，并按照这个标准来安排你每天的三到五项任务——要坚决执行，毫无例外	专注于回顾你昨天所取得的成就（认可自己的成果，或者给自己打打气！）
步骤6	接触一位潜在的导师	写下你所钦佩的人的一些特质
步骤7	如果你觉得这会有助于你保持前进的动力，那就考虑"告诉某人"你当前的目标和意图	如果这意味着你态度上的转变，那就对此进行反思——对于建立一种新的责任意识，你有何感受呢

我个人是如何突破这一困境的

就像本书中提到的所有内容一样，我对我所建议的一切都进行了实践检验，而且我也发现其中很多事情做起来都极具挑战性。在实践这些建议的过程中，我主要意识到的一点是，我几乎没有允许自己失败，或者说我很难接受这样一种观念，即我不可能第一次就把所有事情都做对，而且说白了，我并不完美！我越早接受自己并非知晓所有答案，以及我需要通过实践并寻求他人帮助来学习这个事实，我就越早取得巨大的进步。所以，如果你已经按照我所建议的做了所有事情，那么现在你应该已经大声说过："我不知道所有答案，也无法独自完成所有事，这没什么大不了的。"

第十一章 你能做到的

其他人是如何突破的

在等待我们个人取得突破的过程中,我们只需始终保持信念坚定、为人谦逊且乐于助人。

——杰森·梅登(Jason Mayden)

能读到这里,做得很棒(也非常感谢!)。我希望——并相信——你会一切顺利,我也希望你在生活中所做出的积极改变正在对你产生影响,并提升了你生活中的幸福感和前进的动力。我猜(也希望),若你一直按这些行动步骤去做,那么几周或几个月下来,你已经看到了一些变化;或者若你是在飞机上一口气读完这部分内容的,你应该已经记下了许多你打算回头去实践的事情。

对于那些还没有按我所建议的任何步骤去做的人，我真心期望你们去做，并在日后再来读这部分内容。不过，我也希望本章中的一些观点能为那些仍然陷入困境的人带来启发。

所以，你已经取得了不错的进展，有望养成了一些很棒的日常习惯，甚至还学会了对一些事情说"不"。哇！你现在真的在行动了。下一年可能是你人生中最重要的年份之一，充满了能让你成长的令人兴奋的活动，在这即将到来的时刻，我希望你回顾一下自己最初的愿景。当我们在最开始进行相关活动时，我让你只花一点时间去思考长远的未来。这是我有意为之的策略。我希望你尝试专注于做出积极的改变并付诸行动——积攒前进的动力。

> **你可能在想……**
>
> **你说：**"我知道我需要帮助，但我不知道从哪里开始。"
>
> **我说：**"允许自己去寻求帮助——这是承认自己有勇气的表现，而不是懦弱的体现。"

你已经证明了自己能够有所成就——你能够改变。我不想让你陷入对遥远未来的空想之中，然后感到沮丧，或者更糟糕的是，因为不知道从哪里开始或者担心可能会失败而裹足不前。

因此，以下是一些关于如何持续积攒越来越多动力的额外建议。思考一下这些内容。

始终如一地成为你想成为的人

今年,我重点关注的是让自己从内心到外在都成为我想成为的人——这样我和他人所感受到的就是一个始终如一、真实的"我"。让我通过例子来解释一下。这可能意味着,当我意识到自己要说一些尖酸刻薄的话时(比如有人在交通中插队抢道),我会尽量在说出一连串骂人的话之前,甚至在这些念头在脑海中形成之前,就及时制止自己。

这里还有很多其他不错的方法可以尝试。

保持愉悦和热情

托尼·罗宾斯(Tony Robbins)对此有过详尽的阐述,他指出这与单纯的"快乐"不同,而是当你走进一个房间时,能够展现出温暖、积极的自我形象。因此,当你进入房间时,试着微笑、开怀大笑,对房间里的人热情相待——你会对这样做的效果感到惊讶。

保持积极的心态

我知道,对于那些不太积极的人来说,保持积极的心态很难。自从我开始专注于在生活中变得更加积极以来,有时我会突然意识到:"哇!我已经有一段时间没感到压力了。"这在很大程度上要归功于我每天都保持积极乐观的心态。积极的心态也是一种非常有吸引力和感染力的品质——我们的生活中需要积极向上的人（详见第五章），并且我们都喜欢和那些能帮助我们度过艰难时刻的人在一起。

充满激情

展现出激情也是一件非常了不起的事情。如果你热爱做某件事——真的热爱，并将这种热爱表现出来——那就让别人了解你的感受，也问问他们对什么充满激情。你会对这样做所产生的效果感到惊讶。

更多地分享，坦然接受结果

其他人是如何突破的

不是每个人都能成就伟大的事业。但我们都可以怀着深切的爱去做一些小事。

——特蕾莎修女（Mother Teresa）

更多地分享，当别人没有马上说出让你满意的话时，不要太在意。分享会让你少一些沮丧。

保持好奇心

很有趣的是，随着年龄的增长，我们往往会失去好奇心。如果你和任何一个孩子交谈，你会发现他们都充满了好奇心——

会问各种"为什么"的问题。试着对你自己的生活、目标和兴趣也这样做！

赞美他人

其他人是如何突破的

你需要留意他人在做的事情，为他们付出的努力喝彩，认可他们取得的成功，并在他们追求目标的过程中给予鼓励。当我们彼此相互帮助时，每个人都是赢家。

——吉姆·斯托瓦尔（Jim Stovall）

你上一次称赞别人是什么时候？告诉某些人你尊重他们、感激他们，甚至爱他们——是那种真正的爱。试试看，这可能会让你更加爱自己。

赞美自己

来吧，为自己做了一件好事——甚至只是做了某件事——而拍拍自己的后背，给自己一些肯定。没有人，绝对没有人，会每天为你做这件事。

认真倾听他人的赞美

当你得到别人的赞美时，要倾听，一定要倾听。你确实会得到赞美，真的会的，但不要对这些赞美充耳不闻。花点时间去接受这些赞美，不要让它们就这么轻易地从耳边溜走。

别忘了找点乐子

其他人是如何突破的

> 对我来说,娱乐玩耍非常重要,所以我会把它安排进日程里。
> ——普雷斯顿·斯迈尔斯(Preston Smiles)

尽量确保自己能找点乐子,好吗?不过,关键是要尽可能地把娱乐时间安排进日程里。自发的娱乐活动固然很棒,但很奇怪的是,我们很热衷于为那些我们不是特别有动力去做的事情安排时间表,却不会为我们喜欢做的事情这样做!

学会谦逊

在我看来,谦逊是一种至关重要的人类品质。然而,谦逊却遭到了很多人的误解。就像它的"伙伴"——"求助"一样,谦逊有时(或者说很多时候)会让人觉得你不是一个真正的赢家——觉得你不够冷酷无情。例如,我们看到很多拳击手在行动中表现出了极高的自信。从穆罕默德·阿里(Muhammad Ali)到弗洛伊德·梅威瑟(Floyd Mayweather)再到康纳·麦格雷戈(Conor McGregor),[1] 他们都声称自己是有史以来最伟大的拳王。就他们的情况而言,很难反驳——但他们并不属于占人口绝大多数的普通人。他们是那种需要极度自信才能生存下去的人。

---

[1] 这三位都是著名拳击手。——译者注

然而，这些人背后的支持网络却很少被提及。诚然，他们从一开始就拥有强大的信念，但他们身边也有众多的专家和专业人士。从教练到营养师，再到业务经理和助理，他们依靠一个庞大的人脉网络来帮助自己做到最好。

在我看来，这需要谦逊的态度。我想，他们可能永远不会这样认为，但他们明白，为了取得成就，不断取得成就，并做到前人未曾做到的事情，他们需要帮助。

这对我们来说也是如此。我们需要接受自己并非知晓所有答案的事实。我们对目前的状况并不满意。我们并不具备所有需要的技能。我们还没有掌握实现目标所需的知识。但我们或许能够憧憬一个新的未来。

坦然接受自己并非知晓所有答案

其他人是如何突破的

团队合作始于建立信任。而做到这一点的唯一方法，就是克服我们对不被伤害（即希望自己无懈可击）的需求。

——帕特里克·兰西奥尼（Patrick Lencioni）

在你着手处理下一组目标、冲刺任务并尝试之前，我们需要先探讨一下你目前的心态，以及它可能对你当前处境产生的影响。斯坦福大学的作家兼研究员卡罗尔·德韦克（Carol Dweck）

的著作《心态：成功的新心理学》中指出，人们有两种心态——固定型心态和成长型心态——这两种心态将决定一个人成功的许多关键特征。

拥有固定型心态的人认为他们的个人特质和品质是"固定"的，无法改变。这包括认为智力和天赋等是天生的，而不是可以通过后天培养和提升的。关键是，他们还认为仅靠天赋就能带来成功，而不是努力和付出。

拥有成长型心态的人则相信，他们的天赋和智力可以通过不断学习和积累新的经验来培养和提升。这也支持了他们的信念，即他们的努力会产生影响，并最终有助于他们未来的成功，从而取得更高的成就。

有趣的是，根据德韦克的观点，拥有固定型心态的人往往希望表现出自己聪明且有才华，并且非常害怕相反的情况——在别人眼中并非如此！而拥有成长型心态的人则欣然接受自己尚未达到完美的状态，并乐于展现出自己对获取知识以发挥潜力的渴望。

这些心态的关键在于，要接受"目前不知道所有答案也没关系"的观念，但同时要坚信，通过不断学习和提升智力，随着时间的推移，你可以培养出获得答案所需的一切能力。无论你是谁，你的大脑在一生中都有成长和适应的能力，而且实际上，新的经历、情境和环境会极大地激发大脑的活力。固定的信念可能是一个巨大的限制因素。我们都曾有过这样的经历，所以不要为此过分自责。我相信你以前也尝试过新事物，也许最终它们并不适合你。要开始在生活中做出积极的改变，相信自己能够改变是很重要的。然而，关键是你也要认识到，你可以在自己认为有弱点的方面、想要改掉的坏习惯方面加以改进。你还没有成功改进这些方面也没关系，但要做好准备，因为你真的即将做到。

首先，承认并接受自己的弱点——把它们写下来。不要害怕这些弱点，因为你将在如何处理它们方面有显著的进步。不要怀着沉重的心情去做这件事，只需不加评判地把它们列出来。接下来，审视这些弱点，转变你的关注点——不要评判自己。将它们看作一系列挑战，而实际上，这些挑战是你以全新且令人兴奋的方式了解自己、提升自己的绝佳机会。允许自己去做这些事情——但不要评判自己。

让他人走进你的生活

其他人是如何突破的

一根木头只能燃起一小堆火，足以让你感到温暖。再多添上几根木头，就能燃起熊熊大火，大到足以温暖你所有的朋友。不用说，个人的力量很重要，但团队合作的力量更具爆发力。

——金权（Jin Kwon）

显然，我们在本章中讨论的很多内容——敞开心扉接受他人的帮助——会让你走出自己的舒适区。一旦你准备好不再逃避挑战，而是拥抱挑战，你就需要考虑如何让自己步入正轨，并为自己的进步、学习和成长负责。

你的导师在对你的进步秉持"不评判"的态度方面将发挥关键作用。他们应该保持客观，并且能够从你的最大利益出发，提供建设性的批评。

接下来要探讨的一个棘手问题是，你在多大程度上让他人参与到你的新旅程中，并分享你所开始做的事情。即使你只是完成了本书前几章中的步骤，你也已经取得了显著的进展，但你在很大程度上仍然是独自前行。如果你的导师是现实生活中的人，你们的关系通常只限偶尔的交流，而不是日常都如此。所以，有些人认为，让身边的一些亲近的人了解自己在做的事情会更好。这有两个层面的作用——一是可以不费力气地找到一个人，与其分享你正在做的事情，让你感觉在面对挑战时并不孤单。另一个层面是让你对自己的行为更加负责——有一个直观的或象征性的提醒，让你知道即使事情变得艰难，你也需要坚持下去。

对有些人来说，这些人可能是他们的伴侣、最好的朋友、父母或亲密的家庭成员。他们是你完全信任、愿意经常倾诉的人，并且能够在你的旅程中积极地帮助你。公开承认自己想要做的事情有一种真正的解脱感——把它说出来真的能让很多人更有动力去行动。当你的朋友充当为你负责的导师角色，对你会很有帮助。

然而，为了做到全面客观，我需要指出关于这个概念的另一种观点——那些帮助你的人可能会在不经意间（或者在更糟糕的情况下，故意地）阻止你实现目标。因此，一些科学研究人员和评论员建议不要告诉任何人你的计划和目标。我认为很有必要深入探讨这个问题，因为我想直接解决可能阻碍你的因素。毕竟，如果在生活中做出改变是一件容易的事，那像我写的这类书就没有存在的必要了！所以，让我们更详细地探讨一下其中存在的问题。

纽约大学的彼得·戈尔维策（Peter Gollwitzer）的团队在2009年发表的研究表明，公开分享你的目标可能会降低你为实现目标而付出努力的可能性。他们对法学院的学生进行了研究，衡量了班级中最有决心充分利用学习机会的学生，将他们分成两组，并要求他们完成一份问卷。

第一组学生被要求确认他们选的答案（即他们对在课程中取得最好成绩有很大的决心）是他们原本打算选择的。而第二组学生知道他们的回答将是匿名的。然后两组学生都处理一个法律案例。然而，第一组学生在处理案例上花费的时间比第二组学生少。研究人员得出结论，当有人了解了你的目标时，这种社会认可以及与你身份的关联就成了一种"奖励"，这可能会导致你减少努力——第一组学生在心里觉得，由于研究人员认可了他们的答案，他们在某种程度上已经"实现"了自己的目标。然而，在我看来，这是一种一概而论的观点，因为我觉得与我们所做的事情建立联系是形成新身份的重要一步。如果我们以特定的方式构建我们的目标（就像我们在第六章中学到的），很明显我们"还没有达到目标"——尽管这项研究得出了有趣的结论，但让他人了解你的目标不应该影响这一点。

关于这个讨论还有很多不同的观点。例如，Impact Theory的联合创始人汤姆·比利厄（Tom Bilyeu）说："当有人不相信你时，这是他们能给你的最大的礼物。"这是一个很有意思的观点。有时候，证明别人是错的是实现目标的绝佳方式。我们都有过这样的经历——我们让某人了解了某件事情，结果得到的不是支持，而是嘲笑。我们都知道不被人相信是什么感觉——所以，从某种程度上说，你没什么可失去的！

说真的，我知道这是一个很难抉择的问题。有意识地决定你要让他人在多大程度上参与到你正在做的事情中（或者不参与），但在你做决定之前，关键是想清楚你想要什么，以及如果得到了或没有得到你想要的东西，你将如何应对。这样，无论发生什么，我希望你能从这种互动中获得一些积极的成长和挑战。如果你选择不"让任何人参与"，我完全理解——如果是这样的话，那么拥有导师就更加重要了，因为正如我们所总结的，你很棒，但你无法独自完成这一切。

尽可能地帮助他人

其他人是如何突破的

> 通过帮助他人获得成功,你确实能够以最佳且最快的方式取得自己的成功,这是千真万确的。
>
> ——拿破仑·希尔(Napoleon Hill)

到目前为止,我们讨论的很多内容都正确地聚焦于如何帮助你自己。然而,为了达到某种平衡,我也希望你考虑一下如何帮助他人。

当你制定一个帮助他人的策略时,这也能帮助你以全新的方式了解自己,所以让我们真正地接受这一点。很多作家认为这是你个人成长过程中必不可少的一部分,但对我来说,找到帮助他人的方法确实有助于我专注于自己需要做的事情。我觉得,在你敞开心扉、放下自我去接受他人帮助的同时,找到一种积极主动地帮助他人的方式是一种必须接受的理念。

我喜欢的是这种平衡。引用《星球大战》里卢克·天行者(Luke Skywalker)[①]的一句话——我们的生活"远比我们自身要广阔得多",虽然我主张花大量时间专注于提升自己和改善自己的处境,但我也认为帮助他人同样至关重要,以确保他们也能从你的人生旅程中受益。

[①] 美国电影《星球大战》中的一名角色。——译者注

实际上，有很多切实可行的方法可以做到这一点——看看哪些方法能引起你的共鸣，然后选择其中的一种或全部去执行（但至少要执行一种！）。如果你的脑海中响起了"天哪，我早就知道这些了"的声音，那就问问自己：如果我已经在做其中的一些事情了，我还能做得更多吗？

（1）选择一个你认可的新的慈善机构，以及你希望帮助的人。你想在哪些方面帮助他们？你能给予什么？你的时间、技能、经验？还是在他们需要的时候伸出援手？你能否更积极主动地为他们筹款——也许可以参加一场 5 公里的跑步比赛，或者剃光头（但不要试图同时做这两件事！）？如果每个人都这样做，那将会带来巨大的改变。

（2）对于你感兴趣但可能还不太愿意亲自参与的其他慈善领域，设置每月定期自动捐款，捐出一定数额的款项。从上网搜索，找到一个你喜欢的慈善机构，到进入他们的"捐款"页面并设置好捐款，这大概需要 20 分钟。如果你们每一个读到本章的人都哪怕捐出几英镑给慈善机构，这真的可以改变世界，解决各种贫困和问题——大多数电子商务网站在结账时可以勾选一个向慈善机构捐款的选项，你可以做到这一点。你的同事肯定会经常请求你为各种慈善捐款活动提供帮助。你真的没有借口不这么做。

（3）你可以指导和支持谁？在你的生活中，有没有人可以让你用自己的一项技能帮助他们，或者只是给予他们积极的支持?虽然我鼓励你在别人请求帮助时总是尽量提供帮助,并且在主动提供帮助时要慎重选择,但也要寻找帮助他人的机会。你有没有看到过一些人,让你觉得"我本可以为他们做更多来帮助他们"——你有没有真正问过他们是否需要帮助?

> **现在,只做一件事**
>
> 现在花一个小时来做点有意义的事。报名参加一些慈善机构的定期自动捐款,在亚马逊或 eBay 上选择一个合作对象,或者就尽你所能捐出一些东西。我花了一个小时,整整一个小时,在网上搜索了一堆我感兴趣的慈善机构,设置了一个简单的定期自动转账或者贝宝支付,然后,嗯,我就完成了——我已经开始行动了。一旦你开始了,你会惊讶地发现自己常常会有一些小机会可以奉献爱心。如果你设置成自动捐款,你就能为这个世界带来巨大的改变。

坚持到底

好啦,现在你已经有了一系列正在执行的行动。我们探讨过如何以全新的活力去对待生活的其他方面,而且你也进行了一定程度的自我调整。我猜,到现在你也在推进自己的目标方面取得了一些进展。希望你对自己的日常作息做了一些有益的调整,并且也对与家人和朋友的关系做了些微调,如今你正全力以赴，以更充实的方式生活着。再次为你点赞——花点时间来给自己鼓鼓劲儿、认可一下自己的成果吧！

那么，这趟旅程又迎来了另一个艰难的阶段：坚持到底。我希望你能像刚刚那样，把今年剩余的时间也看作一个个的时间块。在每个时间块里，大致围绕你的一个目标规划一系列任务，力求每天都在这些任务上取得进展，之后再进行全面的回顾总结。

现在，你需要制定一个框架来完成今年剩余的计划。首先，按照对你来说合理的固定时间块，或者说"冲刺"阶段来思考和工作，这样才能真正朝着你在新的"目标自我"的个人愿景中设定的目标持续地取得有意义的进展。

除了在"每日自我梳理"中关注你每天需要完成的事情（我希望你现在已经完全养成了这个习惯，即问自己"我昨天完成了什么？我今天想要完成什么？是什么阻碍了我去做这些事情？"），现在我希望把这个概念拓展到更宏观的层面，从规划接下来一周、两周或者一个月需要做的事情的角度来思考。（具体的时间范围由你自己选择——如果你拿不定主意，我建议是两周，因为有时候一周的时间很容易被各种事情打乱，但两周的时间能让你有机会并且切实可行地在需要的时候赶上进度！）

我还希望你能习惯运用一些"终身学习"的原则，并且意识到我们在前进的过程中本质上就是在不断地尝试和学习。秉持这样的态度（也就是我们之前讨论过的成长型心态），一切经历都能帮助我们朝着目标前进，实现我们的"目标自我"。我们不可避免地会在某些原本打算做的事情上"失败"，但你猜怎么着，这其实很棒。很棒？没错，让我们把失败当作我们前进道路上至关重要的一部分吧。

你所做出的任何改变都是积极的——你取得的任何一点进步都是一项成就。所以，现在可不要停下来，继续坚持下去！

> **我个人是如何突破这一困境的**
>
> 我希望我所写的一切都是有用的——说真的，如果你切实去践行，它们将会改变你的生活。但如果你只打算做一件事，拜托，在接下来的这一年里，务必找到一个你可以坦诚交流的人。每年都会有各种各样的艰难困苦需要你去面对，更不用说在你想要做出改变的这一年了，你需要挖掘出强大的内心力量才能挺过去，而你不可能独自做到这一切。
>
> 实现成长是很艰难的，所以有一位教练、导师或者朋友、家人陪伴在你身边将是关键所在。
>
> 记住，不要对自己妄加评判，也不要让他们评判你——只需要有他们的支持、鼓励以及有建设性的反馈就好。

第十二章 结 语

  那么,读了所有这些观点后,你感觉如何?轻松?艰难?愉快?备受鼓舞?心生畏惧?或许这些感受都有?不管怎样,但愿这些内容没让你觉得枯燥!别担心,在生活中做出一些有意义的改变,本质上就是要几乎一直不断地去平衡所有这些不同的感受。

  记住,你很了不起。要不断地告诉自己你很了不起,也告诉别人他们很了不起——这样一来,你们几乎就能做成任何事情,真的是任何事情。

  读到这里,希望你已经做了很多,甚至是全部我所建议的那些能推动你前进的"关键小事",现在你已经开始朝着成为真正的"目标自我"迈进了。人生的进步源于行动,所以要继续付诸行动。未来还会有更多的起起落落,也许还会遇到一些关键的岔路口，需要你做出重大的决定，但请继续前行。你最终会到达你注定要去的地方——你所选择的目的地。

如果你已经读到了这里，却还在考虑是否要听从本书中的建议，我理解并且尊重你的想法。我唯一的请求是，你试着去做我提议的第一件事——请解放你的思想，考虑为自己安排一段高质量的专属时间，就当这是你人生中最重要的一次会议。哪怕你只能抽出一个小时的时间，哪怕你还没准备好去规划完整的时间线和未来愿景，哪怕你不想构建一个"目标自我"。也请还是给自己留出一些时间来反思一下（并且确保手边有一些纸，以便你突然有了什么想法要记录……）。你永远不知道会有什么惊喜发生。

除此之外，我敦促你要和身边的人分享你的感受——无论你在想什么，你都需要让别人走进你的生活，如果你感觉不太对劲，要寻求帮助。

所以，我真心地、深深地感谢你考虑我在这方面的想法和感受。就像我在整本书中提到的那样，这个领域有大量的内容和思想，而这本书就是为了作为一个起点，激发你在生活中进一步学习和获得动力而撰写的。我所做的一切，就是帮助你开始去做一些事情，这些事情将有助于你发现并实现自己的人生目标，无论这些目标是什么。

如果我还没有表达过，我还要特别感谢那些与我最亲近的人，感谢他们在我创作这本书的过程中给予的所有支持，也感谢他们在我休息、反思和重新振作时对我的支持。

祝你好运，也请告诉我你的进展如何！

G 博士　敬上

附　录

附录 A　你新获得的九项资产的清单

我明白在本书中我阐述了很多新的内容。到目前为止，你应该已经有了下面这份资产清单（见表 A-1），它能为你接下来的行动提供一些框架指引。

表　A-1

编号	资产类型	用来做什么	在哪一章讨论过
1	单一的记录场所（或清单）	一个你用来记录所有想法、创意和行动的单一场所（或清单）	第一章
2	书面的长期"目标自我"规划	它代表着你要去的方向以及你想成为的人	第二章

（续）

编号	资产类型	用来做什么	在哪一章讨论过
3	"目标自我"的人生愿景	对你正在进行详细规划的下一个阶段的展望——无论是未来12天、12周还是12个月	第三章
4	一组简单的目标	为实现你的"目标自我"的个人愿景而设定的一组目标	第六章
5	日记	用于记录反思内容以及每天的日常	第八章
6	每日按优先级排序的"待办事项"清单	按优先级和紧急程度列出的每日任务清单	第八章
7	晨间清单	每天早晨需要留意或去做的事项的检查清单	第八章
8	晚间清单	与晨间清单类似，但如果你在一天结束时效率更高，则在那时完成清单上的事项	第八章
9	"感恩"清单	列出在生活中你应该感恩的人和事物的清单	第八章

附录 B 各章节总结及关键步骤

第一章 T：自我时间

虽然我们很清楚哪些事情是我们应该为自己花时间去做的，但实际上我们却常常没能做到，不是吗？本章探讨了你如何借

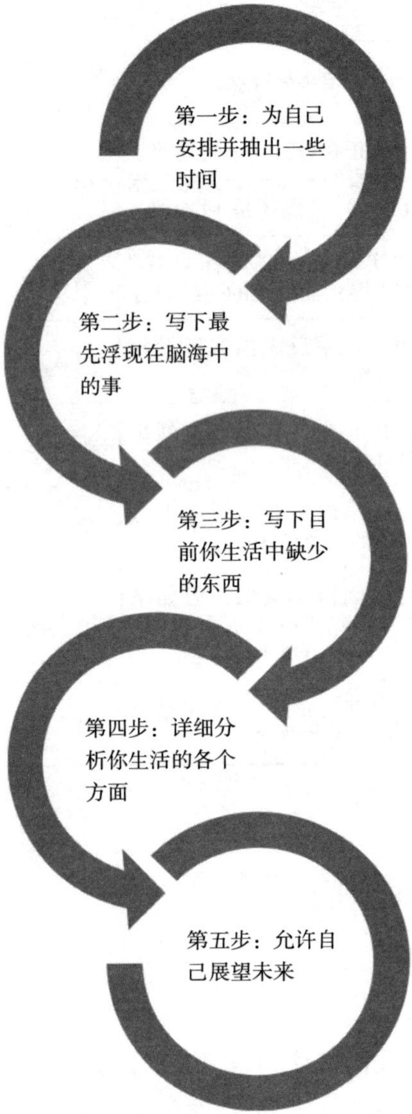

助外力来开始让自己有能力成为你想成为的人——那个你必须成为的人，以及如何在当下采取一些小行动，来帮助创造并开始真正享受你的生活。

关于我个人是如何突破这一困境的提示

我唯一希望的是，你先做这件事——为自己留出些时间，就当这是你人生中最重要的一场会议。哪怕你只能抽出一个小时，哪怕你还没准备好去做完整的时间规划和展望，也还是要给自己一些时间去反思（记得带上些纸，以便你突然有了什么想法要记录……）。

本章每日执行计划的步骤如图 B-1 所示。

第一步：为自己安排并抽出一些时间

第二步：写下最先浮现在脑海中的事

第三步：写下目前你生活中缺少的东西

第四步：详细分析你生活的各个方面

第五步：允许自己展望未来

图 B-1

第二章　A：解决过去

本章鼓励你"摒弃"那些你可能对自己抱有的固有认知，通过认清自己的过往经历，开始从过去的束缚中解脱出来。

关于我个人是如何突破这一困境的提示

我意识到的主要问题是，我花了太多时间去操心别人的需求，却从未专注于弄清楚自己需要什么。我总是在思考、规划，想出新点子、新方案，尝试新事物，但我从未停下来反思自己"为什么"要这么做以及要"去往何方"。

当我开始反思自己的经历、生活以及想要达成的目标时，我生平第一次真正给自己留出了空间，也允许自己这么做。我接下来提出的许多建议，都是关于我如何开始自我提升、在自己身上进行尝试，以及完善自己生活方式的方法。

本章每日执行计划的步骤如图 B-2 所示。

第一步：创建一份截至目前你人生的时间线

第二步：正视你的人生时间线

第三步：创建一个关于你理想未来的全新时间线

第四步：接纳未来带给你的感受

图　B-2

第三章　R：重启自己

本章鼓励你通过塑造一个新形象，即你的"目标自我"，来真正开启进步之旅。"目标自我"是对未来你想要成为的样子的真实构想。

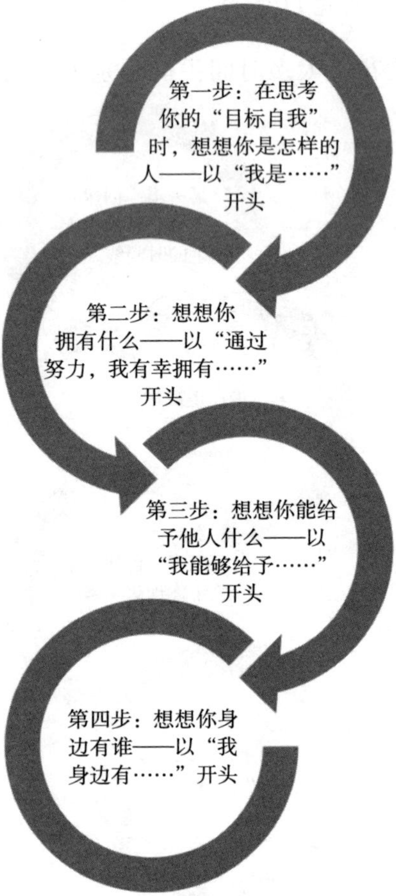

第一步：在思考你的"目标自我"时，想想你是怎样的人——以"我是……"开头

第二步：想想你拥有什么——以"通过努力，我有幸拥有……"开头

第三步：想想你能给予他人什么——以"我能够给予……"开头

第四步：想想你身边有谁——以"我身边有……"开头

图　B-3

关于我个人是如何突破这一困境的提示

在执行本章建议的步骤时，我主要意识到，我极少允许自己承认以下这些：我并不完美，我并不知晓所有答案，而且我需要帮助——我需要找他人倾诉，而不是只跟自己对话。

如果你已经按照我建议的做了，那么你现在应该已经大声说过："我不知道所有答案，也无法独自完成所有事，这没什么大不了的。"

本章每日执行计划的步骤如图 B-3 所示。

第四章　G：获得知识

本章着重探讨如何通过获取新知识和新技能来培养新的核心优势与能力。我们探究了如何开启新思路，以及如何判断你是否适合不同的学习方式，这些方式或许能助你更有条理且更有意义地学习。在你的学习之路上，有大量优质内容和学习资料可供利用——所以行动起来，开始汲取知识吧！记住，根据你偏好的学习方式选择下面合适的步骤，你无须全部照做！

关于我个人是如何突破这一困境的提示

对我而言，认识到不同学习方式如何影响我吸收信息的过程，可谓一个转折点。当我开始探索大量有趣且激励人心的现有内容时，我在思想和心态上也变得更加开放，能够接纳新想法、进行更复杂的思考，并且接受与我不同的观点。如今，我把每一天都当作一次学习经历——总有新事物等待我去发现。

本章每日执行计划的步骤如图 B-4 所示。

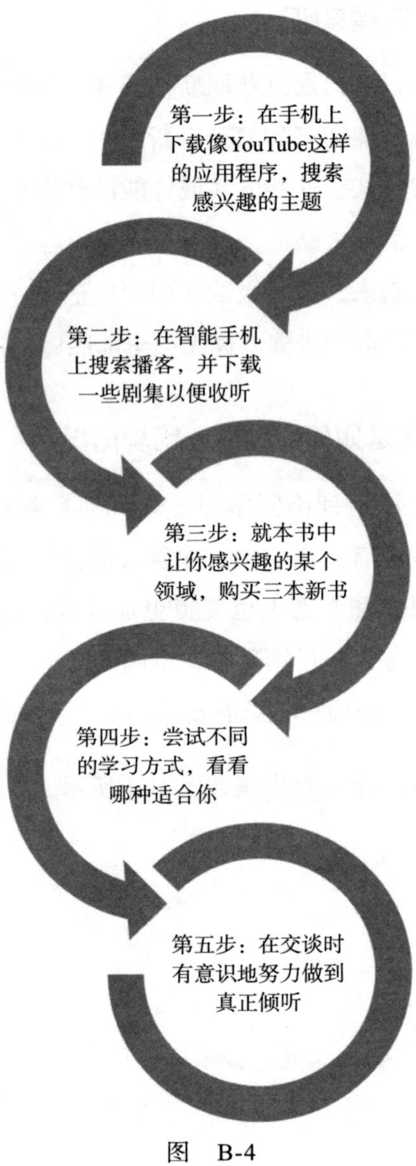

第一步：在手机上下载像YouTube这样的应用程序，搜索感兴趣的主题

第二步：在智能手机上搜索播客，并下载一些剧集以便收听

第三步：就本书中让你感兴趣的某个领域，购买三本新书

第四步：尝试不同的学习方式，看看哪种适合你

第五步：在交谈时有意识地努力做到真正倾听

图 B-4

第五章　E：能量来源

本章讲述了你需要从他人那里和生活经历中找到积极的"能量来源"以获取帮助，同时（尤为重要的是）要学会避免生活中负面因素的影响，鼓励你去发现生活中更积极的一面，助力你在人生旅程中前行。

关于我个人是如何突破这一困境的提示

我自己实践后的主要收获是，我更加清楚某些人对我的影响，无论是积极的还是消极的。我在这方面的重大突破是主动安排与家人和朋友相处的时间，并且和他们在一起时关掉手机。我无法言明这样做带来的改变有多大，所以请务必试一试。如果你一直拖延，也请试着安排时间为自己做点事，比如去看物理治疗师、整骨师、按摩治疗师，或者去看医生，就今天行动起来吧。

本章每日执行计划的步骤如图 B-5 所示。

第一步：在平衡能量来源方面，你觉得自己的重点应该放在何处

第二步：认真思考一下你的友情，看看它们能给你带来多少积极能量，又在多大程度上支持着你的目标

第三步：优先安排家庭时光，尤其是和你喜欢的家人在一起

第四步：锻炼至关重要——安排好每周进行3～5次锻炼

第五步：规划睡眠时间并执行

第六步：留出自我时间——一定要有自我时间

图 B-5

第六章 T：年度目标

本章提出了为未来一年或更短时间设定一些目标的理念，通过这些目标你可以积极掌控事情的发展，并专注于取得真正有意义的进步。本章还介绍了我自创的 SIMPLE 框架，以确保你能设定出结构合理、可衡量且独具投资回报价值的有效目标。

关于我个人是如何突破这一困境的提示

当我真正花时间梳理出一份更细致的、我想要实现的事项清单后，我也开始对日常的优先事务有了更清晰的认识。所以，基于你未来"目标自我"的设想，现在问问自己："一年后我想达到什么状态？"记住要尝试享受挑战，不要畏惧它，要勇于推进并看看自己能取得什么成果。

本章每日执行计划的步骤如图 B-6 所示。

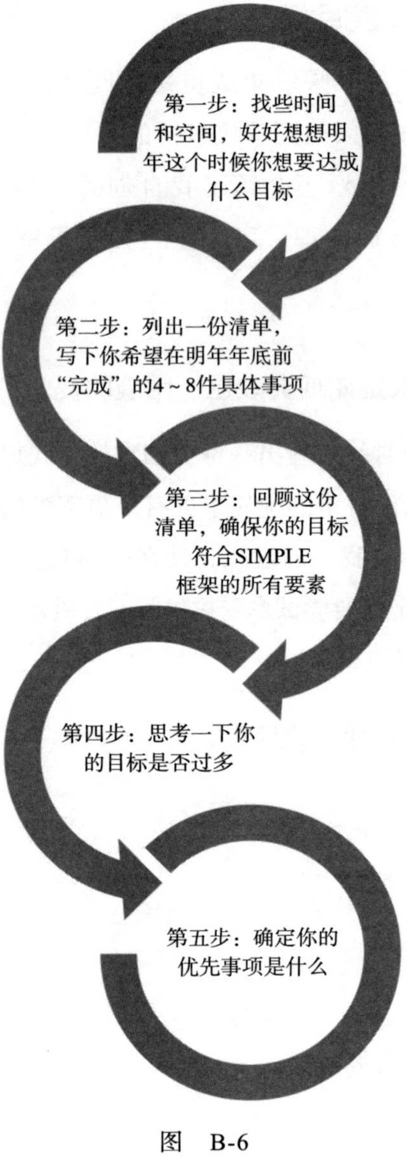

第一步：找些时间和空间，好好想想明年这个时候你想要达成什么目标

第二步：列出一份清单，写下你希望在明年年底前"完成"的4~8件具体事项

第三步：回顾这份清单，确保你的目标符合SIMPLE框架的所有要素

第四步：思考一下你的目标是否过多

第五步：确定你的优先事项是什么

图　B-6

第七章　S：干扰因素

本章着重探讨如何识别、尽可能消除，或者至少减少我所说的"干扰因素"。通常来说，这些因素会阻碍你在某些事情上取得进展，它们或是分散注意力的事物，或是日常真正的烦恼的源头。我们研究了多种应对这些干扰因素的方法，以免它们妨碍你实现目标。

关于我个人是如何突破这一困境的提示

在这方面，对我来说关键的转变是，我会花时间去反思自己在特定时刻为何会有那样的感受。识别并处理这些因素，确实让我的大脑释放出了大量思考空间，因为我无须过多地去纠结它们——我只需识别它们，接受它们，然后继续前行。

本章每日执行计划的步骤如图 B-7 所示。

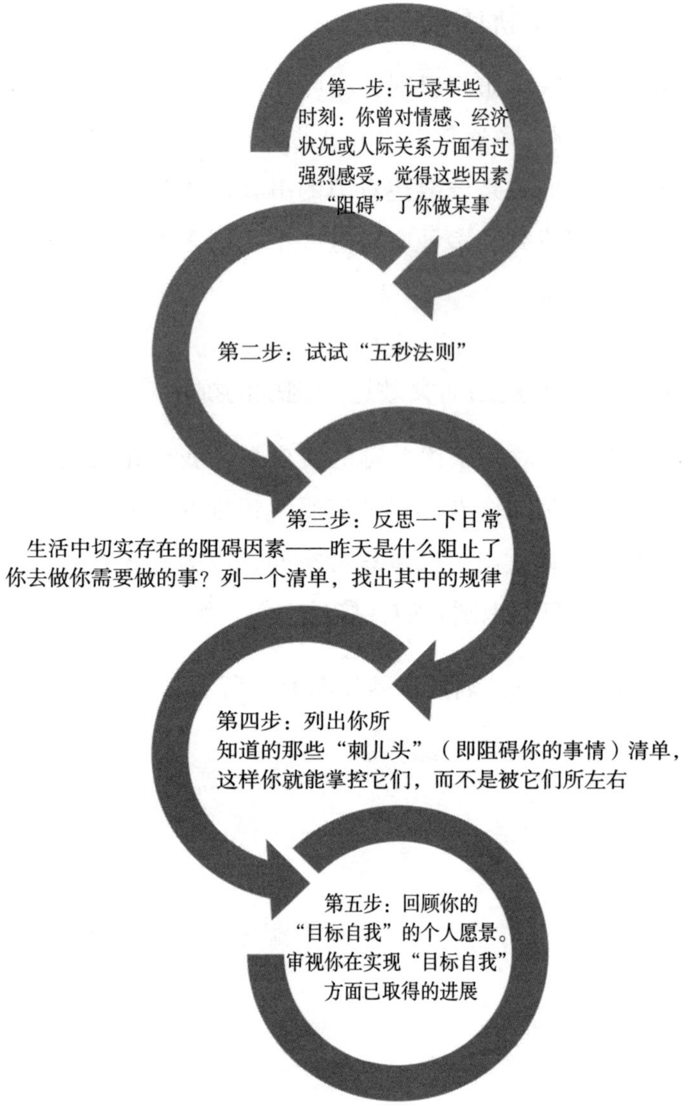

第一步：记录某些时刻：你曾对情感、经济状况或人际关系方面有过强烈感受，觉得这些因素"阻碍"了你做某事

第二步：试试"五秒法则"

第三步：反思一下日常生活中切实存在的阻碍因素——昨天是什么阻止了你去做你需要做的事？列一个清单，找出其中的规律

第四步：列出你所知道的那些"刺儿头"（即阻碍你的事情）清单，这样你就能掌控它们，而不是被它们所左右

第五步：回顾你的"目标自我"的个人愿景。审视你在实现"目标自我"方面已取得的进展

图 B-7

第八章　E：日常惯例

本章重点讨论了一些实用方法，助你在日常习惯中建立新秩序，例如，制定早晚待办事项清单。这样做是为了进一步消除日常困扰的根源，着力解决大多数人面临的一个关键阻碍——缺乏准备，转而专注于自我反思、写日记、冥想，以及关注你对自己的积极和消极话语。

关于我个人是如何突破这一困境的提示

我引入了简短的每日自我梳理的概念，即梳理即将开始的一天，并反思前一天取得的成就，这已成为我日常生活的关键部分。另外，列一份清晰的当日出门所需物品清单，对降低我日常的压力水平起到了巨大作用，其中的差别难以言表！

本章每日执行计划的步骤如图 B-8 所示。

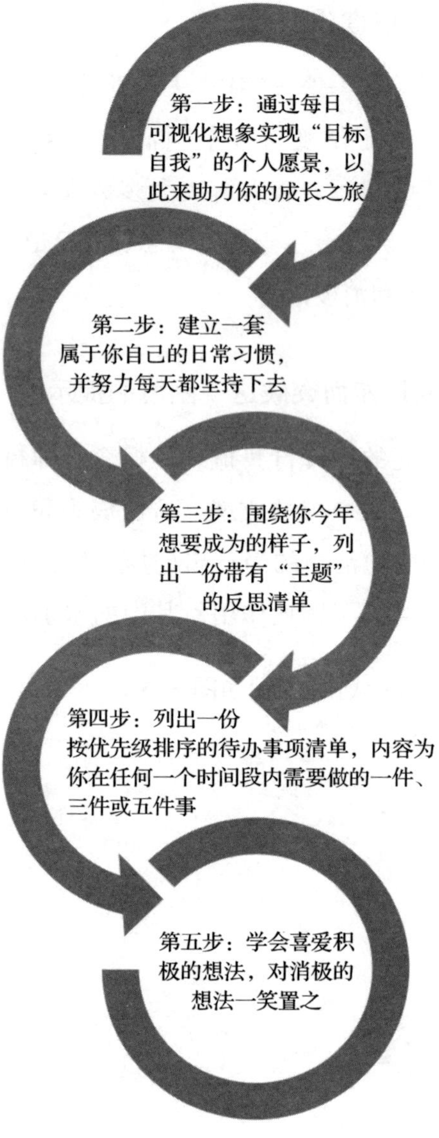

第一步：通过每日可视化想象实现"目标自我"的个人愿景，以此来助力你的成长之旅

第二步：建立一套属于你自己的日常习惯，并努力每天都坚持下去

第三步：围绕你今年想要成为的样子，列出一份带有"主题"的反思清单

第四步：列出一份按优先级排序的待办事项清单，内容为你在任何一个时间段内需要做的一件、三件或五件事

第五步：学会喜爱积极的想法，对消极的想法一笑置之

图 B-8

第九章　L：少即是多

本章着重探讨如何更果断地管理时间。生活中有诸多干扰因素，包括人、电子设备、他人的建议，以及看似积极实则可能让你偏离正轨的事物。我们探讨了一些激励方法和建议，助你果断地确定优先事项，以确保你的目标、策略和项目得以推进，并在实现"目标自我"的过程中产生有意义的影响。

关于我个人是如何突破这一困境的提示

哇，说"不"真的太难了——而我越早面对这个问题，情况就对我越有利。我开始尝试练习说"不"，有意思的是，我意识到每天有那么多次，人和事会出现并干扰我专注的事情。所以，尝试说"不"，但记住要态度友善！一旦你掌握了这一点，偶尔在通常会拒绝的时候说"是"，以此来平衡，从而开阔思路。

本章每日执行计划的步骤如图 B-9 所示。

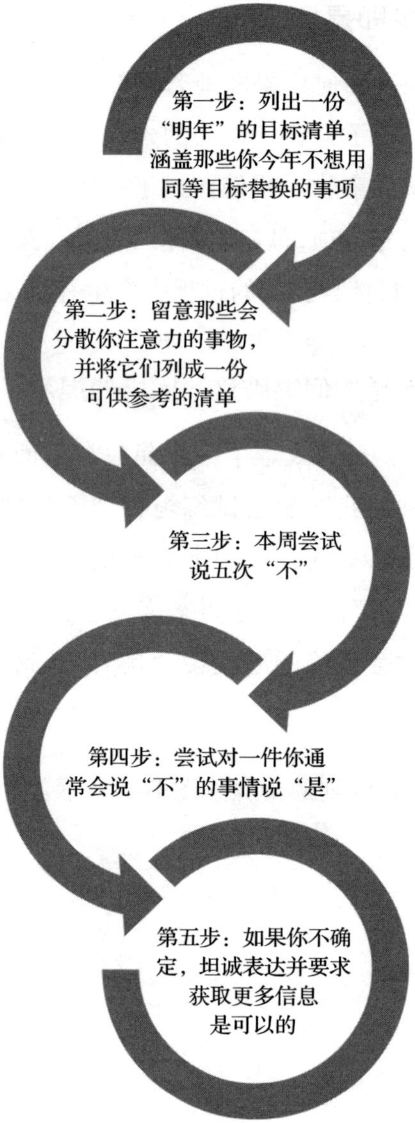

第一步：列出一份"明年"的目标清单，涵盖那些你今年不想用同等目标替换的事项

第二步：留意那些会分散你注意力的事物，并将它们列成一份可供参考的清单

第三步：本周尝试说五次"不"

第四步：尝试对一件你通常会说"不"的事情说"是"

第五步：如果你不确定，坦诚表达并要求获取更多信息是可以的

图 B-9

第十章　F：专注与失败

本章探讨了自我激励中最具挑战性的部分之一：在保持持续动力的同时，接受并应对失败。本章探究了"测试与学习"方法在此过程中的关键作用，以及如何利用经验教训来保持专注、重新聚焦，以保持动力，并更深入地了解自己。

关于我个人是如何突破这一困境的提示

通过这方面的探索，我主要意识到，我极少允许自己失败，也难以接受自己不可能一次就把所有事做对，以及自己并不完美这一事实！

我越早接受自己并非知晓所有答案，并且需要在实践中学习，同时寻求他人帮助，就越早取得巨大的进步。

所以，如果你已经把我建议的所有事情都做了，那么你现在应该已经大声说过："我不知道所有答案，也无法独自完成所有事，这没什么大不了的。"

本章每日执行计划的步骤如图 B-10 所示。

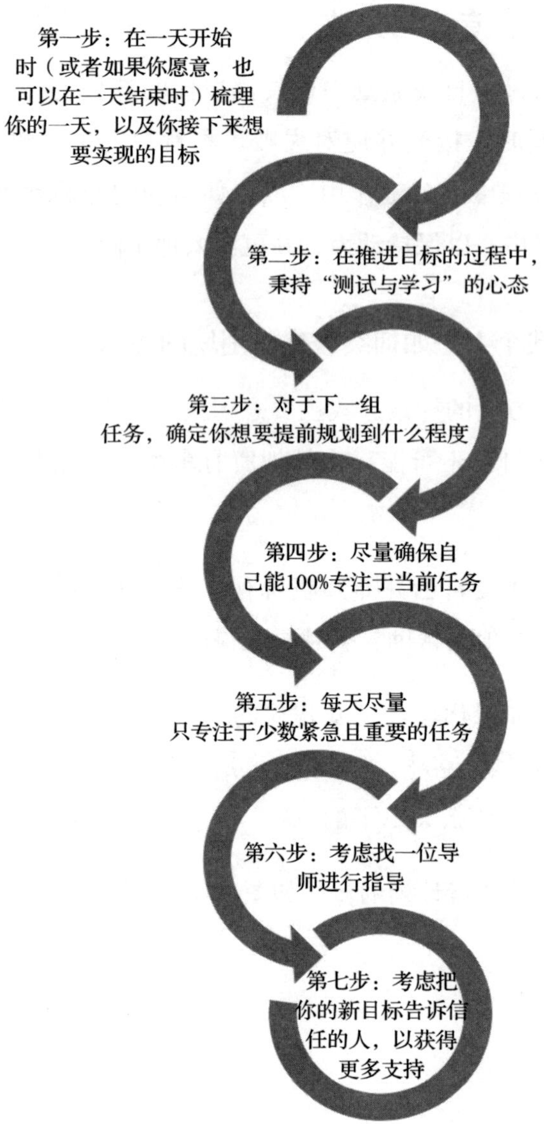

第一步：在一天开始时（或者如果你愿意，也可以在一天结束时）梳理你的一天，以及你接下来想要实现的目标

第二步：在推进目标的过程中，秉持"测试与学习"的心态

第三步：对于下一组任务，确定你想要提前规划到什么程度

第四步：尽量确保自己能100%专注于当前任务

第五步：每天尽量只专注于少数紧急且重要的任务

第六步：考虑找一位导师进行指导

第七步：考虑把你的新目标告诉信任的人，以获得更多支持

图 B-10

再次感谢你阅读本书。

附录 C　拓展阅读

如果你想更深入地探究本书中的某些内容，以下是该领域的一些其他书籍，它们可以作为深入理解我所涵盖的不同概念的起点，或者如果你觉得本书很有激励作用，它们也能为你提供更多启发。（而且，好消息是，只要你看到了其中一本并购买或阅读，就意味着你已经在采取行动并学习了！）

Achor, Shawn, *The Happiness Advantage: The Seven Principles of Positive Psychology That Fuel Success and Performance at Work*

Altucher, James, *Choose Yourself! Be Happy, Make Millions, Live the Dream*

Banayan, Alex, *The Third Door: The Wild Quest to Uncover How the World's Most Successful People Launched Their Careers*

Beck, Martha, *Finding Your Own North Star: How to Claim the Life You Were Meant to Live*

Beck, Martha, *The Joy Diet: 10 Steps to a Happier Life*

Bernstein, Gabrielle, *The Universe Has Your Back: How to Feel Safe and Trust Your Life No Matter What*

Brach, Tara, *Radical Acceptance: Awakening the Love that Heals Fear and Shame Within Us*

Brower, Elena, *Practice You: A Journal*

Brown, Brené, *Daring Greatly: How the Courage to Be Vulnerable Transforms the Way We Live, Love, Parent and Lead*

Buckingham, Marcus and Clifton, Donald, *Now, Discover Your*

Strengths

Carlson, Richard, *Don't Sweat the Small Stuff and It's All Small Stuff: Simple Ways to Keep the Little Things From Taking Over Your Life*

Carnegie, Dale, *How to Win Friends and Influence People*

Downs, Annie, *100 Days to Brave: Devotions for Unlocking Your Most Courageous Self*

Duarte, Nancy and Sanchez, Patti, *Illuminate: Ignite Change Through Speeches, Stories, Ceremonies, and Symbols*

Duckworth, Angela, *Grit: The Power of Passion And Perseverance*

Duhigg, Charles, *Smarter, Faster, Better: The Secrets Of Being Productive*

Dweck, Carol, *Mindset: Changing the Way You Think to Fulfil Your Potential*

Ferriss, Tim, *Tools of Titans: The Tactics, Routines and Habits of Billionaires, Icons and World-Class Performers*

Ferriss, Timothy, *The 4-Hour Work Week: Escape the 9–5, Live Anywhere and Join the New Rich*

Forleo, Marie, *Everything is Figureoutable*

Heath, Chip and Dan, *Switch: How to Change Things When Change is Hard*

Heller, Cathy, *Don't Keep Your Day Job: How to Turn Your Passion Into Your Career*

Herman, Todd, *The Alter Ego Effect: The Power of Secret*

Identities to Transform Your Life

　　Hill, Napoleon, *Think And Grow Rich*

　　Howes, Lewis, *The School of Greatness: A Real-World Guide To Living Bigger, Loving Deeper, And Leaving a Legacy*

　　John, Daymond, *The Power of Broke: How Empty Pockets, a Tight Budget, and a Hunger for Success Can Become Your Greatest Competitive Advantage*

　　Kshirsagar, Suhas, *Change Your Schedule, Change Your Life: How to Harness the Power of Clock Genes to Lose Weight, Optimize Your Workout, and Finally Get a Good Night's Sleep*

　　Manson, Mark, *A Counterintuitive Approach to Living a Good Life*

　　Millington, Caroline, *The Friendship Formula: Add Great Friends, Subtract Toxic People and Multiply Your Happiness*

　　Mylett, Ed, *#MAXOUT Your Life: Strategies for Becoming an Elite Performer*

　　Patel, Neil, Vlaskovits, Patrick and Koffler, Jonas, *Hustle: The Power to Charge Your Life with Money, Meaning, and Momentum*

　　Peale, Norman Vincent, *The Power of Positive Thinking*

　　Pink, Daniel, *When: The Scientific Secrets of Perfect Timing*

　　Rampolla, Mark, *High-Hanging Fruit: Build Something Great by Going Where No One Else Will*

　　Rhimes, Shonda, *Year of Yes: How to Dance It Out, Stand in the Sun and Be Your Own Person*

Robbins, Anthony, *Awaken the Giant Within: How to Take Immediate Control of Your Mental, Emotional, Physical and Financial Destiny*

Robbins, Mel, *The 5 Second Rule: Transform Your Life, Work, And Confidence With Everyday Courage*

Schwartz, David, *The Magic of Thinking Big*

Scott, Steve and Davenport, Barrie, *Declutter Your Mind: How to Stop Worrying, Relieve Anxiety, and Eliminate Negative Thinking*

Scott, Steve and Davenport, Barrie, *The Mindfulness Journal: Daily Practices, Writing Prompts, and Reflections for Living in the Present Moment*

Sincero, Jen, *You Are A Badass: How to Stop Doubting Your Greatness and Start Living an Awesome Life*

Tapper, Alice Paul, *Raise Your Hand*

Tracy, Brian, *Eat That Frog! Get More of the Important Things Done Today*

Tracy, Brian, *No Excuses! The Power of Self-Discipline*

Van der Kolk, Bessel, *The Body Keeps the Score: Mind, Brain and Body in the Transformation of Trauma*

Vaynerchuck, Gary, *The Thank You Economy*

Ware, Bronnie, *The Top Five Regrets of the Dying: A Life Transformed by the Dearly Departing*

Willink, Jocko and Babin, Leif, *Extreme Ownership: How U.S. Navy Seals Lead and Win*